平面解析几何 方法与研究

第 3 卷

● 刘连璞 编著

U0211744

哈尔滨工业大学出版社

HARBIN INSTITUTE OF TECHNOLOGY PRESS

内 容 简 介

《平面解析几何方法与研究》一书全面系统地介绍了欧氏平面解析几何的有关重要内容,是作者参考了多种有关论著并结合自己的教学经验整理而成的.本书对进一步理解平面解析几何基本内容、拓宽知识面都有很大帮助.对于书中的难点和一般解析几何书中不常见到的内容作者都做了严谨而详细地论述,并配备了较多例题.每个例题都具有典型意义,是对正文的重要补充,这些例题对理解重要概念、掌握解析几何方法有重要作用.因此,本书是一本有价值的数学教学参考书.

本书可作为高中或师范院校学生的课外学习用书,也可供中学或师范院校青年教师参考之用.教师可以从中得到许多与解析几何教材密切联系的重要知识,有助于数学教学工作.

图书在版编目(CIP)数据

平面解析几何方法与研究.第3卷/刘连璞编著.—哈尔滨:哈尔滨工业大学出版社,2015.7(2024.3重印)

ISBN 978-7-5603-5446-0

Ⅰ.①平… Ⅱ.①刘… Ⅲ.①平面几何—解析几何—研究
Ⅳ.①O182.1

中国版本图书馆 CIP 数据核字(2015)第 140095 号

策划编辑　刘培杰　张永芹
责任编辑　张永芹　宋晓翠　杜莹雪
出版发行　哈尔滨工业大学出版社
社　　址　哈尔滨市南岗区复华四道街 10 号　邮编 150006
传　　真　0451-86414749
网　　址　http://hitpress.hit.edu.cn
印　　刷　哈尔滨圣铂印刷有限公司
开　　本　787mm×1092mm　1/16　印张 9.75　字数 170 千字
版　　次　2015 年 7 月第 1 版　2024 年 3 月第 3 次印刷
书　　号　ISBN 978-7-5603-5446-0
定　　价　28.00 元

(如因印装质量问题影响阅读,我社负责调换)

绪　论

　　我们首先介绍一下解析几何的简单历史.究竟是谁建立了解析几何,它建立在什么年代,所有这些问题,都存在不同意见,这是因为在古代埃及、希腊、罗马时期的实际问题和某些研究中,实际上已经有了属于解析几何的某些内容.但大多数史学家都认为17世纪法国的两位数学家笛卡儿(Rene Descartes,1596—1650,哲学家、数学家)和费马(Pierre de Fermat,1601—1665,法学家、数学家)是解析几何的奠基人,并且主要是笛卡儿.一般认为笛卡儿于1637年发表的哲学著作《方法论》中的一个附录"几何学"是解析几何的创始作品,所以我们都认为解析几何建立于1637年.以后又经过数学家们,如牛顿(Isaac Newton,1642—1727,英国物理学家、数学家)、莱布尼兹(Gottfried Wilhelm Leibniz,1646—1716,德国哲学家、数学家)、欧拉(Leonhard Euler,1707—1783,瑞士数学家)等人一百多年的改进、补充,才逐渐形成了今天的解析几何.笛卡儿与费马之所以能建立解析几何,与他们所处的时代是分不开的.他们所处的时代正是中世纪(5世纪中叶至17世纪中叶)欧洲文艺复兴的后期,这个时期的生产技术、自然科学、文学艺术都出现了新面貌,得到了新发展,所有这一切,都自然而然地对数学提出新问题,希望从数学中得到解决.这样,在数学中就必须研究曲线,就必须研究长度、面积、体积的计算,就必须研究变量与变量之间的函数关系.于是在数学中几乎同时引起了三个数学学科的建立,这就是笛卡儿和费马的解析几何与牛顿和莱布尼兹的微分学与积分学.这几种学科的建立,标志着数学从初等数学(常量数学)发展到了高等数学(变量数学).新学科的建立从本质上改变了整个数学的面貌,使得只用初等数学无法解决的问题变得易于解决了.

笛卡儿等人建立的解析几何有两个基本思想.一个是点的坐标的概念,通过这个概念把点和数联系起来;另一个是曲线方程的概念,通过这个概念把曲线和方程联系起来,这样就可以利用代数或分析的方法来研究几何图形的性质了,这对几何的发展起了巨大的推动作用.

所谓解析几何,通常是指应用代数方程来研究一些简单曲线(如直线、圆锥曲线等)的简单性质的几何.这样,解析几何与我们过去已经学过的初等几何的主要区别不在于它们所研究的对象,而在于研究这些对象时所使用的方法.解析几何使用的是代数解析法,即坐标法;而初等几何使用的是综合法,即古典公理法.现代研究几何还有一种方法,叫作(现代)公理法,这是一套纯理论方法,例如几何基础这个几何分支使用的就是这种方法.研究几何所使用的这些方法的区分并不是绝对的,我们很难划分出综合法与公理法的严格界线,同样,解析法与公理法也不免有混淆的地方.这样的分类不过是根据历史发展的进程而做出的一种不严密的分类而已.

前　言

　　平面解析几何是数学基础课程之一,它对进一步学习近代数学有密切关系.

　　编者在教学实践中,根据自己的教学经验,陆续积累了这方面的一些材料,本书就是把这些材料加以补充整理而成的.

　　本书各章节联系紧密,条理清楚,力图避免内容支离破碎.

　　本书较全面地介绍了欧氏平面解析几何的知识.例如,在第1章(直角坐标)介绍了有向线段、有向角及射影的基本原理;在第2章(曲线与方程)介绍了曲线的水平渐近线与垂直渐近线的求法;在第3章(直线)介绍了二元一次不等式表示的平面区域、二元二次方程表示两条直线的条件,并且详细讨论了中心直线束;在第4章(圆)介绍了极线、共轴圆系及平面上的反演变换;在第5章(椭圆)、第6章(双曲线)、第7章(抛物线)较详细地介绍了三种圆锥曲线的切线的性质以及极线;在第8章(坐标变换,二次曲线的一般理论)详细地介绍了二次曲线的不变量以及二次曲线的判定与方程的化简;在第9章(参数方程)详细介绍了二次曲线的渐近线、切线与直径;在第9章、第10章(极坐标)介绍了一些常用的经典曲线.斜角坐标这个内容,在普通解析几何书中很少论及,为此,本书在附录中做了初步介绍.

　　本书中的定理,凡在普通解析几何书中常见的,或容易证明的,一般不再予以证明;不常见的,都适当地给出了证明.证明力求严谨.

本书没有配备习题，但给出了一定数量的例题．这些例题都经过了精心的选择，这对深刻理解本书中的重要概念、掌握基本方法以及提高解题能力都有一定帮助．有的例题也是对正文内容的补充．

　　本书可作为学有余力的高中学生的课外学习用书，对扩大他们的知识面，提高学习兴趣有一定帮助；师范院校学生准备将来从事数学教学工作的，他们可以从本书中获得很多有助于教学的知识，为将来工作打好基础；本书也可供青年数学教师参考之用，对加深理解教材，丰富解析几何知识，提高驾驭解析几何方法的能力都有帮助．

　　编者衷心感谢北京教育学院杨大淳、张鸿顺两位教授，他们审阅了本书的初稿，并提出了宝贵的改进意见．特别要感谢北京大学数学科学学院姚孟臣副教授，他对本书的编写、出版，一直给予很大关心和帮助，并且详细审阅了本书的最后稿，使本书得到很大改进．

　　限于编者水平，书中不妥或疏漏在所难免，敬请读者批评指正．

刘连璞

目 录

第 9 章　参数方程

9.1　曲线的参数方程的定义

定义　设在平面上建立了一个直角坐标系 Oxy，t 是某个变数，它的取值范围是由某些实数组成的集合 S，(x,y) 是 Oxy 中点的直角坐标，设 x 和 y 都表示为 t 的函数

$$\begin{cases} x = f(t) \\ y = g(t) \end{cases} \quad (t \in S) \tag{9.1}$$

如果对于 t 的每个允许值 t_0，由(9.1)所确定的点 $(x_0,y_0)=(f(t_0),g(t_0))$ 都在曲线 C 上；反过来，曲线 C 上任何一点的坐标 (x_1,y_1) 也都可以由 t 的某个允许值 t_1 通过(9.1)得到，那么，方程组(函数表达式组)(9.1)叫作曲线 C 的参数方程(或参数表示)。曲线 C 叫作参数方程(9.1)的曲线。辅助变数 t 叫作参变数，简称参数。

注意　在参数方程中，应明确参数 t 的取值范围(对于参数方程 $x=f(t)$，$y=g(t)$ 来说，如果 t 的取值范围不同，它们表示的曲线可能是不相同的)。如不明确写出其取值范围，那么，参数的取值范围就理解为 $f(t)$ 和 $g(t)$ 这两个函数的自然定义域的交集。

9.2　曲线的参数方程与普通方程的互化

9.2.1　由曲线的参数方程求普通方程

从曲线的参数方程中把参数消去所得的两个坐标间的关系式，一般就是曲线的普通方程。消参数没有一般法则可循，有时甚至不可能消掉参数。例如

$$\begin{cases} x = t + e^t + \lg t^2 \\ y = t + \sin t + \arcsin t \end{cases} \quad (t \text{ 为参数})$$

就消不掉参数.不过消参数这项工作并不总是必要的,因为有时用参数方程研究曲线比用普通方程更简便.

下面举几个消参数常用的方法.

1.用代入法消参数

这种方法是从参数方程中的一个方程把参数解出来,然后代入参数方程中的另一个方程把参数消去.这是由参数方程求普通方程的基本方法之一.

例 1   由曲线的参数方程

$$\begin{cases} x = \dfrac{x_1 + \lambda x_2}{1+\lambda} & (9.2) \\[2mm] y = \dfrac{y_1 + \lambda y_2}{1+\lambda} & (9.3) \end{cases} \quad (\lambda \neq -1, 为参数)$$

求它的普通方程,并说明它是什么曲线.

解   由(9.2)得 $x + \lambda x = x_1 + \lambda x_2$,由此得

$$\lambda(x - x_2) = x_1 - x \tag{9.4}$$

由(9.3)得 $y + \lambda y = y_1 + \lambda y_2$,由此得

$$\lambda(y - y_2) = y_1 - y \tag{9.5}$$

由(9.4)解出 λ,代入(9.5)得

$$\frac{x_1 - x}{x - x_2} = \frac{y_1 - y}{y - y_2}$$

由此得

$$\frac{x_1 - x}{x_1 - x_2} = \frac{y_1 - y}{y_1 - y_2}$$

这就是曲线的普通方程.

显然,这条曲线是直线.

2.利用三角函数(或代数)的恒等式消参数

如果参数方程中的 x 和 y 都表示为参数的三角(代数)函数,这时可考虑用三角函数(代数)中的某些恒等式消参数.这也是由参数方程求普通方程 的基本方法之一.

例 2   由曲线的参数方程

$$\begin{cases} x = \cos(\varphi + \theta) & (9.6) \\ y = \cos(\varphi - \theta) \end{cases} \quad (\theta \text{ 为参数})$$

(9.6)
(9.7)

求它的普通方程；并说明它是什么曲线.

解 由(9.6)及(9.7)依次得

$$x = \cos\varphi\cos\theta - \sin\varphi\sin\theta$$

$$y = \cos\varphi\cos\theta + \sin\varphi\sin\theta$$

由这两个等式得

$$x + y = 2\cos\varphi\cos\theta$$

$$x - y = -2\sin\varphi\sin\theta$$

由这两个等式又得

$$\frac{x+y}{2\cos\varphi} = \cos\theta, \quad \frac{x-y}{-2\sin\varphi} = \sin\theta$$

把这两个等式左右各平方,然后左右各相加,便得

$$\frac{(x+y)^2}{4\cos^2\varphi} + \frac{(x-y)^2}{4\sin^2\varphi} = 1$$

这就是曲线的普通方程.

把这个方程展开、化简,得

$$x^2 - 2\cos 2\varphi \cdot xy + y^2 - \sin^2 2\varphi = 0$$

不变量

$$I_2 = 1 \cdot 1 - (\cos 2\varphi)^2 = \sin^2 2\varphi$$

$$I_3 = \begin{vmatrix} 1 & -\cos 2\varphi & 0 \\ -\cos 2\varphi & 1 & 0 \\ 0 & 0 & -\sin^2 2\varphi \end{vmatrix} = -\sin^4 2\varphi$$

所以当 $\varphi = 0, \pm\dfrac{\pi}{2}, \pm\pi, \cdots$ 时，$I_2 = I_3 = 0$,所以这时曲线为退缩抛物线；当

$\varphi \neq 0, \pm\dfrac{\pi}{2}, \pm\pi, \cdots$ 时，$I_2 > 0, I_3 \neq 0$,所以这时曲线为椭圆.

3.应用某些代数运算方法消参数

例如把参数方程中的两个方程相乘、相除、乘方后相加、相减之类的方法消参数.

例 3 由曲线的参数方程

$$\begin{cases} x\sin\theta - y\cos\theta = \sqrt{x^2+y^2} & (9.8) \\ \dfrac{\sin^2\theta}{a^2} + \dfrac{\cos^2\theta}{b^2} = \dfrac{1}{x^2+y^2} & (\theta \text{ 为参数}) \quad (9.9) \end{cases}$$

求它的普通方程;并说明它是什么曲线.

解 把(9.8)的两端平方得

$$x^2\sin^2\theta - 2xy\sin\theta\cos\theta + y^2\cos^2\theta = x^2+y^2$$

移项得

$$x^2\cos^2\theta + 2xy\sin\theta\cos\theta + y^2\sin^2\theta = 0$$

即

$$(x\cos\theta + y\sin\theta)^2 = 0$$

所以有

$$x^2\cos^2\theta = y^2\sin^2\theta \qquad (9.10)$$

由(9.9)得

$$\frac{x^2\sin^2\theta + y^2\sin^2\theta}{a^2} + \frac{x^2\cos^2\theta + y^2\cos^2\theta}{b^2} = 1 \qquad (9.11)$$

由(9.10)和(9.11)得

$$\frac{x^2}{a^2} + \frac{y^2}{b^2} = 1$$

这就是曲线的普通方程.

曲线是椭圆.

由曲线的参数方程求曲线的普通方程时,有一个问题必须注意,这就是当求出普通方程以后,原来的曲线可能被扩大了.

例 4 已知曲线的参数方程如下:

(1) $\begin{cases} x = 3t^2 + 1 \\ y = t^2 \end{cases}$; $\qquad (9.12)$

(2) $\begin{cases} x = \sin\theta \\ y = \cos 2\theta \end{cases}$. $\qquad (9.13)$

这里 t 和 θ 都是参数,它们的取值范围都是 $(-\infty, +\infty)$,求曲线的普通方程.

解 (1)用代入法消去 t,得曲线的普通方程

$$x - 3y - 1 = 0 \qquad (9.14)$$

(9.14)和(9.12)表示的曲线并不相同.事实上,凡(9.12)上的点的坐标都满足(9.14),即凡(9.12)的点都在(9.14)上;而(9.14)上的点的坐标(例如

$(-2,-1)$)并不都满足(9.12),即(9.14)的点并不都在(9.12)上,所以(9.12)的曲线只是(9.14)的曲线的一部分.

(9.14)的曲线是一条直线,这直线和 x 轴相交于点 $A(1,0)$,和 y 轴相交于点 $B(0,-\frac{1}{3})$.而由(9.12)可得在该曲线上的点的横坐标 $x\geqslant 1$、纵坐标 $y\geqslant 0$,所以(9.12)的曲线只是直线(9.14)的点 $A(1,0)$ 及 A 的斜上方的部分(图 9.1 实线部分).

因此(9.12)的普通方程应该写成
$$x-3y-1=0 \quad (x\geqslant 1)$$

(2) 由 $y=\cos 2\theta$ 得 $y=1-2\sin^2\theta$,把 $x=\sin\theta$ 代入上面这个方程,得
$$y=-2x^2+1 \tag{9.15}$$

和(1)的道理相同,(9.13)上的点都在(9.15)上,而(9.15)上的点不都在(9.13)上.这是因为(9.13)的点的坐标 x 和 y 满足不等式 $-1\leqslant x\leqslant 1,-1\leqslant y\leqslant 1$,而$(9.15)$的点的坐标 x 和 y 满足不等式 $-\infty<x\leqslant+\infty,y\leqslant 1$.

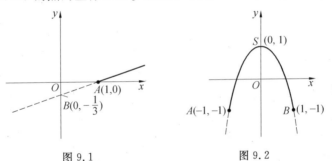

图 9.1　　　　　　　图 9.2

(9.15)的曲线是一条抛物线,而(9.13)的曲线是这条抛物线在点 $A(-1,-1)$ 和点 $B(1,-1)$ 之间的一段弧(图 9.2 实线部分).

因此(9.13)的普通方程应该写成
$$y=-2x^2+1 \quad (-1\leqslant x\leqslant 1)$$

所以由曲线的参数方程化为普通方程后,应检查一下参数方程中 x 与 y 和普通方程中的 x 与 y 的取值范围是否一致.如果不一致的话,要在普通方程中注明 x 或 y 的取值范围.

9.2.2　由曲线的普通方程求参数方程

首先指出,若已知曲线的普通方程,那么,由这个普通方程可以求出无限多

个参数方程. 但是如果已经知道了参数方程中的一个方程,或已知两个坐标之间的某种关系,那么,由此就可以确定曲线的参数方程.

例 1 已知曲线的普通方程为 $4x^2 + y^2 - 16x + 12 = 0$,它的参数方程中的一个方程为 $y = 2\sin\varphi(\varphi$ 为参数),求这曲线的参数方程.

解 把 $y = 2\sin\varphi$ 代入已给曲线的普通方程,得

$$4x^2 + 4\sin^2\varphi - 16x + 12 = 0$$

即

$$x^2 - 4x + \sin^2\varphi + 3 = 0$$

由此得

$$x = \frac{4 \pm \sqrt{16 - 4(\sin^2\varphi + 3)}}{2}$$

$$= 2 \pm \sqrt{1 - \sin^2\varphi} = 2 \pm \cos\varphi$$

所以曲线的参数方程为

$$\begin{cases} x = 2 \pm \cos\varphi \\ y = 2\sin\varphi \end{cases} \tag{9.16}$$

这个方程可以拆成两个方程

$$\begin{cases} x = 2 + \cos\varphi \\ y = 2\sin\varphi \end{cases} \tag{9.17}$$

和

$$\begin{cases} x = 2 - \cos\varphi \\ y = 2\sin\varphi \end{cases} \tag{9.18}$$

但 (9.17) 和 (9.18) 所表示的曲线实际上相同. 事实上,在 (9.17) 中给 φ 以允许值 φ_0,则得 $x_0 = 2 + \cos\varphi_0,y_0 = 2\sin\varphi_0$,点 $(x_0,y_0) = (2 + \cos\varphi_0, 2\sin\varphi_0)$ 是 (9.17) 上一点. 在 (9.18) 中给 φ 以允许值 $\pi - \varphi_0$,则得 $x' = 2 - \cos(\pi - \varphi_0) = 2 + \cos\varphi_0 = x_0,y' = 2\sin(\pi - \varphi_0) = 2\sin\varphi_0 = y_0$. 可见 (9.18) 上的点 (x',y') 也即是 (9.17) 上的点 (x_0,y_0),这即是说,如果在两个参数方程中,给的两个 φ 值的和为 π,则得到 (9.17) 上的点与 (9.18) 上的点相同,而 (9.17) 和 (9.18) 中的 φ 都可取任意实数,于是可知 (9.17) 和 (9.18) 实际上是同一条曲线的参数方程,因此可以取 (9.17) 或 (9.18) 作为已知曲线的参数方程.

如果没有注意到 (9.17) 和 (9.18) 之间的上述关系,而把 (9.16) 作为已知曲线的参数方程也可以.

例 2 已知曲线的普通方程为 $x^2 + 2xy + y^2 + 2x - 2y = 0$,曲线的参数方程中的一个方程为 $x = t - t^2$,求这曲线的参数方程.

解　用 $x=t-t^2$ 代入曲线的普通方程,得

$$(t-t^2)^2+2(t-t^2)y+y^2+2(t-t^2)-2y=0$$

由此得

$$y^2-2(t^2-t+1)y+t^4-2t^3-t^2+2t=0$$

解这个二次方程,得

$$y=\frac{2(t^2-t+1)\pm\sqrt{4(t^2-t+1)^2-4(t^4-2t^3-t^2+2t)}}{2}$$

$$=(t^2-t+1)\pm(2t-1)$$

$$=\begin{cases}t^2+t\\t^2-3t+2\end{cases}$$

因此曲线的参数方程为

$$\begin{cases}x=t-t^2\\y=t^2+t\end{cases}\tag{9.19}$$

和

$$\begin{cases}x=t-t^2\\y=t^2-3t+2\end{cases}\tag{9.20}$$

但(9.19)和(9.20)所表示的曲线实际上相同.让我们来看横坐标 $x=t-t^2$.若给 t 某两个不同的允许值 t_1 和 t_2,一般地,得到的 x 的两个值当然不同;但当这两个允许值有某种关系时,得到的 x 的两个值也可以相同.现在我们来看一看,当 t 的两个允许值 t_1 和 t_2 有什么关系时,得到的 x 的两个值总保持相同.若 t 取 t_1, t_2 这两个允许值,x 的两个值相同,则有

$$t_1-t_1^2=t_2-t_2^2$$

移项并分解因式得

$$(t_1-t_2)(t_1+t_2)=t_1-t_2$$

由于 $t_1-t_2\neq0$,所以有

$$t_1+t_2=1$$

反过来,若 t 的两个允许值 t_1 与 t_2 的和为 1,则 x 的两个值必相同.这是因为

$$x_1=t_1-t_1^2$$

$$x_2=t_2-t_2^2=(1-t_1)-(1-t_1)^2=t_1-t_1^2$$

所以 $x_1=x_2$.

不仅如此,这时得到的 y 的两个值也相同,这是因为

$$y_1=t_1+t_1^2$$

$$y_2 = t_2^2 - 3t_2 + 2 = (1 - t_1)^2 - 3(1 - t_1) + 2 = t_1 + t_1^2$$

所以 $y_1 = y_2$.

因此,只要 t 的两个允许值的和为1,所得的(9.19)上的点和(9.20)上的点也就相同,而 t 可以取任意实数,于是可知(9.19)和(9.20)实际上是同一条曲线的参数方程,因此可以取(9.19)或(9.20)作为已知曲线的参数方程.

如果没有注意到(9.19)和(9.20)之间的上述关系,而把(9.19)和(9.20)合在一起作为已知曲线的参数方程也可以.

9.3　已知曲线,求它的参数方程

求曲线的参数方程的方法是:设曲线上任意一点的坐标为 (x, y),然后选择一个与 x, y 有密切关系的变量 t 作为参数,再把 x 和 y 各表示为 t 的函数: $x = f(t), y = g(t)$.这样就可以得到曲线的参数方程.

参数 t 常常是某种角度,或是动直线的斜率,或是有向线段的数值,或是时间,或是速度,等等.

同一曲线,由于选择的参数不同,就得到不同的参数方程.

例1　通过定点 $P(a, b)$ 作直线与 x 轴、y 轴各相交于点 A, B,求线段 AB 中点 M 的轨迹的参数方程、普通方程,并说明它是什么曲线,这里 $ab \neq 0$.

解　设通过定点 $P(a, b)$ 的直线方程为

$$y - b = k(x - a)$$

($k \neq 0$,并且总存在,这是因为要求通过 P 的这条动直线和 x 轴、y 轴都相交)它和 x 轴、y 轴的交点分别为 $A\left(\dfrac{ka - b}{k}, 0\right)$ 和 $B(0, b - ka)$,所以线段 AB 中点 M 的坐标为

$$\begin{cases} x = \dfrac{ka - b}{2k} \\ y = \dfrac{b - ka}{2} \end{cases}$$

k 是变数,它的取值范围是 $(-\infty, 0) \bigcup (0, +\infty)$,$x$ 和 y 都已表示为 k 的函数,所以上面的方程组为 M 的轨迹的参数方程,k 为参数.

点 M 的轨迹的普通方程为

$$\left(x - \frac{a}{2}\right)\left(y - \frac{b}{2}\right) = \frac{ab}{4}$$

从这普通方程知道, M 的轨迹是一条等轴双曲线, 它的中心为点 $C(\frac{a}{2},$ $\frac{b}{2})$ (即线段 OP 的中点), 两条渐近线为 $x = \frac{a}{2}$ 和 $y = \frac{b}{2}$ (图 9.3).

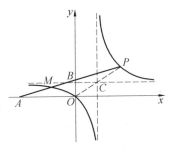

图 9.3

例 2　一个等腰直角三角形 ABM 的腰长为 a, $\angle A$ 为直角, 顶点 A, B 各在 x 轴和 y 轴上移动, 如果 A, B, M 按顺时针方向排列, 求顶点 M 的轨迹的参数方程、普通方程, 并说明它是什么曲线.

解　设动点 M 的坐标为 (x, y), 取有向角 $\angle BAO = \theta$ 为参数, 作 MN 垂直 x 轴于点 N, 则

$$x = ON = OA + AN = a\cos\theta + a\sin\theta$$
$$y = a\cos\theta$$

所以 M 的轨迹的参数方程为

$$\begin{cases} x = a(\cos\theta + \sin\theta) \\ y = a\cos\theta \end{cases} \quad (\theta \text{ 为参数})$$

点 M 的轨迹的普通方程为

$$(x - y)^2 + y^2 = a^2$$

即

$$x^2 - 2xy + 2y^2 - a^2 = 0$$

点 M 的轨迹是一个椭圆 (图 9.4).

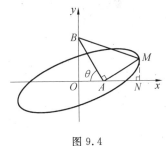

图 9.4

9.4　已知曲线的参数方程,描绘曲线

已知曲线的参数方程描绘曲线的基本方法是描点法.

例　描绘曲线

$$\begin{cases} x = \dfrac{1}{2}t^2 \\[2mm] y = \dfrac{1}{4}t^3 \end{cases} \quad (t \text{ 为参数})$$

解　用参数 t 的一些允许值代入已知的参数方程,计算出 x 和 y 的对应值,列表于下:

t	-3	-2	-1	0	1	2	3
x	4.5	2	0.5	0	0.5	2	4.5
y	-6.75	-2	-0.25	0	0.25	2	6.75

描写 $(4.5, -6.75)$,$(2, -2)$,$(0.5, -0.25)$,$\cdots$,然后用平滑曲线顺势联结这些点,就得到已知参数方程表示的曲线(图 9.5).

这条曲线的普通方程为 $2y^2 = x^3$,它叫作半立方抛物线.

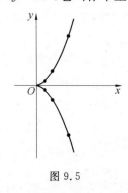

图 9.5

9.5　曲线的交点

9.5.1　已知一条曲线的参数方程及一条曲线的普通方程,求它们的交点

设已知曲线 C_1 的参数方程为

$$\begin{cases} x = \varphi(t) \\ y = \psi(t) \end{cases} \quad (t \text{ 为参数}) \tag{9.21}$$

曲线 C_2 的普通方程为

$$F(x,y)=0 \tag{9.22}$$

设 $M_0(x_0,y_0)$ 为 C_1 和 C_2 的交点,对应于这个交点的参数 t 的值为 t_0,那么

$$x_0=\varphi(t_0),\quad y_0=\psi(t_0)$$

由于 $M_0(x_0,y_0)$ 在 C_2 上,所以

$$F(x_0,y_0)=0$$

即

$$F(\varphi(t_0),\psi(t_0))=0$$

这个等式说明: t_0 是方程

$$F(\varphi(t),\psi(t))=0 \tag{9.23}$$

的根,所以 C_1 和 C_2 的每个交点 (x_0,y_0) 对应的 t_0 值都是(9.23)的根.

反过来,设方程

$$F(\varphi(t),\psi(t))=0$$

的一个根为 $t=t':F(\varphi(t'),\psi(t'))=0$,那么,点

$$(x',y')=(\varphi(t'),\psi(t'))$$

一定是 C_1 和 C_2 的交点.这是因为点 M' 的坐标 (x',y') 满足 $x=\varphi(t),y=\psi(t)$,所以 $M'(x',y')$ 为 C_1 上的点;又

$$F(x',y')=F(\varphi(t'),\psi(t'))=0$$

所以 $M'(x',y')$ 也是 C_2 上的一点.

因此,当已知曲线 C_1 的参数方程(9.21)和曲线 C_2 的普通方程(9.22),求它们的交点的坐标的方法如下:把(9.21)代入(9.22)得 t 的方程 $F(\varphi(t),\psi(t))=0$.解这个方程,把 t 的各值代入 C_1 的方程,便得 C_1 和 C_2 的各交点的坐标.

9.5.2　已知两条曲线的参数方程,求它们的交点

设两条曲线 C_1 和 C_2 的参数方程分别为

$$\begin{cases} x=f(t) \\ y=g(t) \end{cases} \quad (t\text{ 为参数}) \tag{9.24}$$

和

$$\begin{cases} x=\varphi(\theta) \\ y=\psi(\theta) \end{cases} \quad (\theta\text{ 为参数}) \tag{9.25}$$

设 $M_0(x_0,y_0)$ 为 C_1 和 C_2 的交点,对应于这交点的 t 的值为 t_0, θ 的值为 θ_0,则以下的两组等式成立

11

$$\begin{cases} x_0 = f(t_0) \\ y_0 = g(t_0) \end{cases}, \quad \begin{cases} x_0 = \varphi(\theta_0) \\ y_0 = \psi(\theta_0) \end{cases}$$

所以有

$$f(t_0) = \varphi(\theta_0), \quad g(t_0) = \psi(\theta_0)$$

这两个等式表明: t_0 和 θ_0 是方程组

$$\begin{cases} f(t) = \varphi(\theta) \\ g(t) = \psi(\theta) \end{cases} \tag{9.26}$$

的解,所以 C_1 和 C_2 的每个交点 (x_0, y_0) 对应的 t_0 值和 θ_0 值都是(9.26)的解.

反过来,设 t',θ' 是方程组(9.26)的一组解

$$\begin{cases} f(t') = \varphi(\theta') \\ g(t') = \psi(\theta') \end{cases}$$

则点 $M'(x', y')$ 的坐标

$$(x', y') = (f(t'), g(t')) = (\varphi(\theta'), \psi(\theta'))$$

一定是 C_1 和 C_2 的交点. 这是因为

$$\begin{cases} x' = f(t') \\ y' = g(t') \end{cases} \quad \text{和} \quad \begin{cases} x' = \varphi(\theta') \\ y' = \psi(\theta') \end{cases}$$

都成立,即点 M' 的坐标 (x', y') 满足

$$\begin{cases} x = f(t) \\ y = g(t) \end{cases} \quad \text{和} \quad \begin{cases} x = \varphi(\theta) \\ y = \psi(\theta) \end{cases}$$

所以点 $M'(x', y')$ 既在 C_1 上,也在 C_2 上,即 $M'(x', y')$ 为 C_1 和 C_2 的交点.

因此,当已知两曲线 C_1 和 C_2 的参数方程分别为(9.24)和(9.25),求它们的交点坐标的方法如下:由已知曲线 C_1 和 C_2 的参数方程(9.24)和(9.25)组成方程组

$$\begin{cases} f(t) = \varphi(\theta) \\ g(t) = \psi(\theta) \end{cases}$$

解这个方程组. 设解出了 t,把 t 的各值代入 C_1 的方程(9.24),便得 C_1 和 C_2 各交点的坐标,或解出 θ,把 θ 的各值代入 C_2 的方程(9.25),便得 C_1 和 C_2 各交点的坐标.

例 求曲线

$$C_1: \begin{cases} x = 5\cos\theta \\ y = 5\sin\theta \end{cases} \quad \text{和} \quad C_2: \begin{cases} x = 4 + t\cos 45° \\ y = 3 + t\sin 45° \end{cases}$$

(θ, t 为参数)的交点的坐标.

解法 1 由两个已知参数方程组成以下方程组

$$\begin{cases} 5\cos\theta = 4 + t\cos 45° \\ 5\sin\theta = 3 + t\sin 45° \end{cases}$$

要解这个方程组,可消去 θ. 为此,把两个方程左右平方,然后相加,得

$$t^2 + 7\sqrt{2}\,t = 0$$

解这个二次方程,得

$$t_1 = 0, \quad t_2 = -7\sqrt{2}$$

把 $t_1 = 0$ 代入 C_2 的方程得

$$x_1 = 4, \quad y_1 = 3$$

把 $t_2 = -7\sqrt{2}$ 代入 C_2 的方程得

$$x_2 = -3, \quad y_2 = -4$$

所以两条已知曲线 C_1 与 C_2 的交点为 $(4,3)$ 和 $(-3,-4)$.

解法 2　由解法 1 中得到的方程组消去 t,得

$$5\cos\theta - 5\sin\theta = 1$$

解出 $\cos\theta$ 和 $\sin\theta$,得

$$\begin{cases} \cos\theta = \dfrac{4}{5} \\ \sin\theta = \dfrac{3}{5} \end{cases}, \quad \begin{cases} \cos\theta = -\dfrac{3}{5} \\ \sin\theta = -\dfrac{4}{5} \end{cases}$$

把 $\sin\theta$ 和 $\cos\theta$ 的两组值各代入 C_1 的方程,便得 C_1 和 C_2 的交点 $(4,3)$ 和 $(-3,-4)$.

说明　解法 2 中,没有必要求出 θ 的值.

9.6　直线的参数方程

定理9.1　通过已知点 $M_0(x_0,y_0)$,并且倾斜角为 α 的直线 l 的参数方程为

$$\begin{cases} x = x_0 + t\cos\alpha \\ y = y_0 + t\sin\alpha \end{cases} \quad (t \text{ 为参数}) \tag{9.27}$$

当 l 上的点 M 在 M_0 的上方或右方时,$t = |M_0M|$;当点 M 在 M_0 的下方或左方时,$t = -|M_0M|$. t 的系数的平方和为 $1(\cos^2\alpha + \sin^2\alpha = 1)$,也只有在这种情形下,参数 t 才有上述几何意义.

证明　设 $M(x,y)$ 是已知直线 l 上的任意一点,则 l 的点斜式方程为

$$y - y_0 = \frac{\sin\alpha}{\cos\alpha}(x - x_0)$$

由此得

$$\frac{x - x_0}{\cos \alpha} = \frac{y - y_0}{\sin \alpha}$$

设

$$\frac{x - x_0}{\cos \alpha} = \frac{y - y_0}{\sin \alpha} = t$$

(t 是变数,它随 $M(x, y)$ 在直线 l 上的位置而定) 这就得到直线的参数方程

$$\begin{cases} x = x_0 + t\cos \alpha \\ y = y_0 + t\sin \alpha \end{cases} \quad (t \text{ 为参数})$$

现在看一看参数 t 的几何意义. 由于

$$\frac{x - x_0}{\cos \alpha} = t, \quad \frac{y - y_0}{\sin \alpha} = t$$

所以

$$\cos \alpha = \frac{x - x_0}{t}, \quad \sin \alpha = \frac{y - y_0}{t}$$

14　当 M 在 M_0 的上方或右方时

$$\cos \alpha = \frac{x - x_0}{|M_0M|}, \quad \sin \alpha = \frac{y - y_0}{|M_0M|}$$

所以这时 $t = |M_0M|$;当 M 在 M_0 的下方或左方时

$$\cos \alpha = \frac{x_0 - x}{|M_0M|}, \quad \sin \alpha = \frac{y_0 - y}{|M_0M|}$$

所以这时 $t = -|M_0M|$.

直线的参数方程还有另外一种形式.

如果取两个常数 λ 和 μ,令 $\lambda : \mu = \cos \alpha : \sin \alpha$,则 l 的方程为

$$y - y_0 = \frac{\mu}{\lambda}(x - x_0)$$

由此得

$$\frac{x - x_0}{\lambda} = \frac{y - y_0}{\mu}$$

设这两个比为 t,则有

$$\begin{cases} x = x_0 + \lambda t \\ y = y_0 + \mu t \end{cases}$$

于是我们又有以下定理.

定理 9.2　通过已知点 $M_0(x_0, y_0)$,并且斜率为 $\frac{\mu}{\lambda}$ 的直线 l 的参数方程为

$$\begin{cases} x = x_0 + \lambda t \\ y = y_0 + \mu t \end{cases} \quad (t \text{ 为参数}) \qquad (9.28)$$

由于这里只是 $\mu : \lambda = \sin \alpha : \cos \alpha$，所以 t 不一定是 $|M_0M|$ 或 $-|M_0M|$ 了，除非是 $\lambda = \cos \alpha, \mu = \sin \alpha$. 我们称这种方程为一般参数的直线的参数方程.

例 1 已知点 $P(1,2)$ 和直线 $l : x + y = 4$，通过 P 作直线 PQ 与 l 相交于点 Q，使 $|PQ| = \dfrac{\sqrt{6}}{3}$，求直线 PQ 的倾斜角.

解 设直线 PQ 的倾斜角为 α，则它的参数方程为

$$\begin{cases} x = 1 + t\cos \alpha \\ y = 2 + t\sin \alpha \end{cases} \quad (t \text{ 为参数})$$

于是点 Q 的坐标 $(1 + t\cos \alpha, 2 + t\sin \alpha)$ 满足 l 的方程

$$(1 + t\cos \alpha) + (2 + t\sin \alpha) = 4$$

即

$$t(\cos \alpha + \sin \alpha) = 1$$

由于 $|t| = \dfrac{\sqrt{6}}{3}$，所以有

$$\pm \frac{\sqrt{6}}{3}(\cos \alpha + \sin \alpha) = 1$$

由此得

$$\left[1 + \frac{\sqrt{6}}{3}(\cos \alpha + \sin \alpha)\right]\left[1 - \frac{\sqrt{6}}{3}(\cos \alpha + \sin \alpha)\right] = 0$$

即

$$1 - \frac{2}{3}(1 + 2\sin \alpha \cos \alpha) = 0$$

所以有

$$\sin 2\alpha = \frac{1}{2}$$

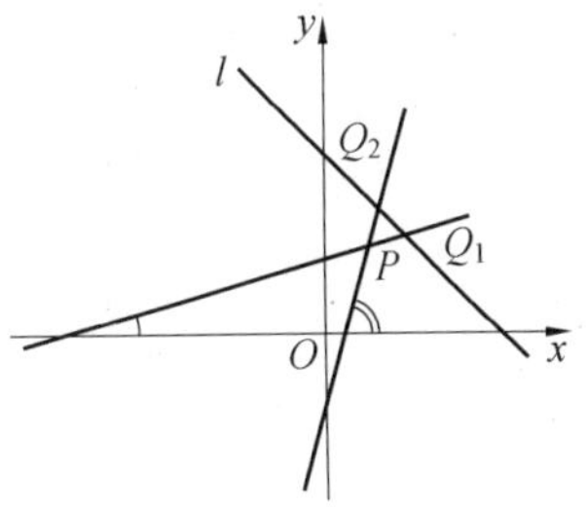

图 9.6

从而 $2\alpha = \dfrac{\pi}{6}$ 或 $\dfrac{5\pi}{6}$. 所以直线 PQ 的倾斜角 $\alpha = \dfrac{\pi}{12}$ 或 $\dfrac{5\pi}{12}$ (图 9.6).

例 2 如图 9.7，设抛物线的焦点为 F，准线和轴的交点为 A，通过 A 作直线和抛物线相交于点 B 和 C，通过 F 作直线 ABC 的平行线，和抛物线相交于点 G 和 H，求证

15

$$|AB| \cdot |AC| = |FG| \cdot |FH|$$

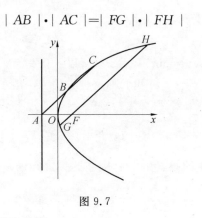

图 9.7

证明   设抛物线的方程为

$$y^2 = 2px \qquad (9.29)$$

则点 A 的坐标为 $(-\frac{p}{2}, 0)$，焦点 F 的坐标为 $(\frac{p}{2}, 0)$. 设所作的两条平行割线的

倾斜角为 α，则割线 ABC 的参数方程为

$$\begin{cases} x = -\dfrac{p}{2} + t\cos\alpha \\ y = t\sin\alpha \end{cases} \quad (t \text{ 为参数}) \qquad (9.30)$$

割线 FGH 的参数方程为

$$\begin{cases} x = \dfrac{p}{2} + t'\cos\alpha \\ y = t'\sin\alpha \end{cases} \quad (t' \text{ 为参数}) \qquad (9.31)$$

由于 B, C 在抛物线上，所以 B, C 的坐标满足抛物线的方程. 把(9.30)代入
(9.29)得 t 的二次方程

$$t^2\sin^2\alpha - 2pt\cos\alpha + p^2 = 0$$

t 的两个值的绝对值为 $|AB|$ 和 $|AC|$. 由二次方程的根与系数的关系得

$$|AB| \cdot |AC| = \left| \frac{p^2}{\sin^2\alpha} \right| = \frac{p^2}{\sin^2\alpha}$$

同理，把(9.31)代入(9.30)得 t' 的二次方程

$$t'^2\sin^2\alpha - 2pt'\cos\alpha - p^2 = 0$$

所以

$$|FG| \cdot |FH| = \left| \frac{-p^2}{\sin^2\alpha} \right| = \frac{p^2}{\sin^2\alpha}$$

所以有

16

$$| AB | \cdot | AC | = | FG | \cdot | FH |$$

9.7 圆的参数方程

定理 9.3 以原点为圆心,半径为 r 的圆的参数方程为

$$\begin{cases} x = r\cos\varphi \\ y = r\sin\varphi \end{cases} \quad (\varphi \text{ 为参数}) \tag{9.32}$$

这里参数 φ 是 x 轴的正半轴 Ox 与点 $M(x,y)$ 的半径 OM 的夹角. 对定值 φ,点 $(r\cos\varphi, r\sin\varphi)$ 是圆 $x^2 + y^2 = r^2$ 上的点,常把它叫这个圆的"点 φ".

我们知道,三角学中的"万能代换公式"是

$$\cos\varphi = \frac{1 - \tan^2\dfrac{\varphi}{2}}{1 + \tan^2\dfrac{\varphi}{2}}, \quad \sin\varphi = \frac{2\tan\dfrac{\varphi}{2}}{1 + \tan^2\dfrac{\varphi}{2}}$$

若用字母 t 代表 $\tan\dfrac{\varphi}{2}$,则有

$$\cos\varphi = \frac{1 - t^2}{1 + t^2}, \quad \sin\varphi = \frac{2t}{1 + t^2}$$

把这个结果代入 (9.32) 就得到圆的另一种形式的参数方程

$$\begin{cases} x = \dfrac{1 - t^2}{1 + t^2} r \\ y = \dfrac{2t}{1 + t^2} r \end{cases} \quad (t \text{ 为参数}) \tag{9.33}$$

这里参数 t 的几何意义如上所述. 但也可以把 t 看作一个一般的变数而不管它的几何意义,这样,我们就把流动坐标 x 和 y 都表示为参数 t 的有理函数了.

点 $\left(\dfrac{1 - t^2}{1 + t^2} r, \dfrac{2t}{1 + t^2} r\right)$ 叫作圆 $x^2 + y^2 = r^2$ 上的"点 t".

定理 9.4 以 $O'(x_0, y_0)$ 为圆心,半径为 r 的圆的参数方程为

$$\begin{cases} x = x_0 + r\cos\varphi \\ y = y_0 + r\sin\varphi \end{cases} \quad (\varphi \text{ 为参数}) \tag{9.34}$$

参数 φ 为以圆心 O' 为端点,与横轴 Ox 平行并且方向相同的射线 $O'x'$ 与圆上的动点 M 的半径 $O'M$ 的夹角.

例 1 在以原点为圆心,半径为 1 的圆上,有一定点 $P_0(x_0, y_0)$ 和一动点 $P(x,y)$,求证:$x_0 x + y_0 y \leqslant 1$.

证明   已给圆的参数方程为

$$\begin{cases} x = \cos \varphi \\ y = \sin \varphi \end{cases} \quad (\varphi \text{ 为参数})$$

对于点 $P_0(x_0, y_0)$ 和 $P(x, y)$ 有

$$\begin{cases} x_0 = \cos \varphi_0 \\ y_0 = \sin \varphi_0 \end{cases} \text{ 和 } \begin{cases} x = \cos \varphi \\ y = \sin \varphi \end{cases}$$

所以

$$x_0 x + y_0 y = \cos \varphi_0 \cos \varphi + \sin \varphi_0 \sin \varphi = $$
$$\cos(\varphi_0 - \varphi) \leqslant 1$$

例 2   已知两个圆 $x^2 + y^2 = 9$ 和 $(x-3)^2 + y^2 = 27$,求大圆被小圆截出的劣弧的长.

这个问题用圆的参数方程解比较简便.

解   如图 9.8,圆

$$(x-3)^2 + y^2 = 27$$

18 的圆心为 $S(3, 0)$,半径为 $\sqrt{27} = 3\sqrt{3}$,所以这个圆的参数方程为

$$\begin{cases} x = 3 + 3\sqrt{3} \cos \varphi \\ y = 3\sqrt{3} \sin \varphi \end{cases}$$

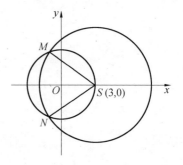

图 9.8

其中 φ 为参数,为求两圆的交点 M, N 的坐标,应把

$$x = 3 + 3\sqrt{3} \cos \varphi, \quad y = 3\sqrt{3} \sin \varphi$$

代入圆方程 $x^2 + y^2 = 9$,得

$$(3 + 3\sqrt{3} \cos \varphi)^2 + (3\sqrt{3} \sin \varphi)^2 = 9$$

由此得

$$18\sqrt{3} \cos \varphi + 27 = 0$$

所以

$$\cos \varphi = -\frac{\sqrt{3}}{2}$$

在 0 与 2π 之间的两个 φ 值为 $\frac{5\pi}{6}$ 和 $\frac{7\pi}{6}$,这两个值分别是两圆的交点 M 和 N 对应的参数值,即 $\angle xSM$ 和 $\angle xSN$ 的值,由此得

$$\angle MSN = \frac{7\pi}{6} - \frac{5\pi}{6} = \frac{\pi}{3}$$

所以 $\overset{\frown}{MN}$ 的长为 $\dfrac{\pi}{3}\cdot 3\sqrt{3}=\sqrt{3}\,\pi$.

9.8　椭圆的参数方程

　　如图 9.9,以原点 O 为圆心,以 $a,b(a>b>0)$ 分别为半径作圆,作圆(O,a) 的半径 OA,OA 与圆(O,b) 相交于点 B.通过 A 作 x 轴的垂线 AA'(垂足为 A'),通过 B 作 x 轴的平行线与 AA' 相交于点 M.我们来求点 M 的轨迹的参数方程.

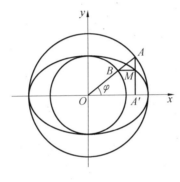

图 9.9

　　取 $\angle xOA=\varphi$ 为参数,则点 M 的横坐标 $x=$ 点 A 的横坐标 $=a\cos\varphi$,点 M 的纵坐标 $y=$ 点 B 的纵坐标 $=b\sin\varphi$,这就得到点 M 的轨迹的参数方程

$$\begin{cases} x=a\cos\varphi\\ y=b\sin\varphi \end{cases}\quad(\varphi\ \text{为参数})\tag{9.35}$$

消去参数 φ 便得点 M 的轨迹的普通方程

$$\frac{x^2}{a^2}+\frac{y^2}{b^2}=1$$

可见点 M 的轨迹为椭圆,即(9.35)为这个椭圆的参数方程.

　　如图 9.10,用类似的方法可以得到椭圆 $\dfrac{x^2}{b^2}+\dfrac{y^2}{a^2}=1$ 的参数方程

$$\begin{cases} x=b\cos\varphi\\ y=a\sin\varphi \end{cases}\tag{9.36}$$

这里参数 φ 的几何意义和上面相同.

　　定理 9.5　椭圆 $\dfrac{x^2}{a^2}+\dfrac{y^2}{b^2}=1$ 的参数方程为

19

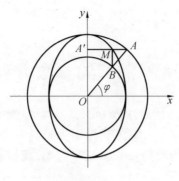

图 9.10

$$\begin{cases} x = a\cos\varphi \\ y = b\sin\varphi \end{cases} \quad (\varphi\ 为参数)$$

椭圆 $\dfrac{x^2}{b^2} + \dfrac{y^2}{a^2} = 1$ 的参数方程为

$$\begin{cases} x = b\cos\varphi \\ y = a\sin\varphi \end{cases} \quad (\varphi\ 为参数)$$

在标准坐标系中,x 轴的正半轴 Ox 与用以得到椭圆上点 M 的大辅助圆的半径 OA 的夹角 φ 叫作点 M 的离心角,φ 可取任意实数值,也可只取 $[0,2\pi]$ 上的值. 离心角为 φ 的点也叫作"点 φ".

例 已知椭圆 $b^2x^2 + a^2y^2 = a^2b^2$,(1)设这椭圆上三点的离心角各为 $\theta,\varphi,$ ψ,求证:以这三点为顶点的三角形的面积为

$$S = \left| 2ab\sin\frac{\varphi-\psi}{2}\sin\frac{\psi-\theta}{2}\sin\frac{\theta-\varphi}{2} \right|$$

(2)证明:这个三角形的面积与大辅助圆上以三个对应点为顶点的三角形的面积的比为 $b:a$;

(3)证明:这个椭圆的面积为 πab.

证明 (1)已知椭圆上三点分别为 $(a\cos\theta, b\sin\theta)$,$(a\cos\varphi, b\sin\varphi)$ 和 $(a\cos\psi, b\sin\psi)$,这三角形的面积为以下三阶行列式的绝对值

$$\frac{1}{2} \begin{vmatrix} a\cos\theta & b\sin\theta & 1 \\ a\cos\varphi & b\sin\varphi & 1 \\ a\cos\psi & b\sin\psi & 1 \end{vmatrix} = \frac{1}{2}ab \begin{vmatrix} \cos\theta & \sin\theta & 1 \\ \cos\varphi & \sin\varphi & 1 \\ \cos\psi & \sin\psi & 1 \end{vmatrix} =$$

$$\frac{1}{2}ab\big[(\sin\varphi\cos\theta - \cos\varphi\sin\theta) + (\sin\theta\cos\psi -$$

$$\cos\theta\sin\psi) + (\sin\psi\cos\varphi - \cos\psi\sin\varphi)\big] =$$

$$\frac{1}{2}ab\left[\sin(\varphi-\theta)+\sin(\theta-\psi)+\sin(\psi-\varphi)\right]=$$

$$\frac{1}{2}ab\left[2\sin\frac{\varphi-\psi}{2}\cos\frac{\varphi+\psi-2\theta}{2}+\right.$$

$$\left.2\sin\frac{\psi-\varphi}{2}\cos\frac{\psi-\varphi}{2}\right]=$$

$$\frac{1}{2}ab\cdot2\sin\frac{\varphi-\psi}{2}\left[\cos\frac{\varphi+\psi-2\theta}{2}-\cos\frac{\varphi-\psi}{2}\right]=$$

$$ab\sin\frac{\varphi-\psi}{2}\cdot\left(-2\sin\frac{\varphi-\theta}{2}\sin\frac{\psi-\theta}{2}\right)=$$

$$2ab\sin\frac{\varphi-\psi}{2}\sin\frac{\psi-\theta}{2}\sin\frac{\theta-\varphi}{2}$$

（2）大辅助圆上三个对应点的坐标分别为 $(a\cos\theta,a\sin\theta)$，$(a\cos\varphi,a\sin\varphi)$，$(a\cos\psi,a\sin\psi)$，以这三点为顶点的三角形的面积为

$$\left|2a^2\sin\frac{\varphi-\psi}{2}\sin\frac{\psi-\theta}{2}\sin\frac{\theta-\varphi}{2}\right|$$

因此前后两个三角形面积的比为 $b:a$.

21

（3）作已知椭圆的内接 n 边形 $P_1P_2\cdots P_n$，再作大辅助圆内对应于这个 n 边形的内接 n 边形 $P'_1P'_2\cdots P'_n$，连接两个多边形的对应角线把它们各分为 $n-2$ 个三角形，由（2）得

$$S_{P_1P_2\cdots P_n}:S_{P'_1P'_2\cdots P'_n}=b:a$$

令 n 无限增大，并且多边形的最长边趋近于 0，则

$$S_{P_1P_2\cdots P_n}\to S_{椭圆},\quad S_{P'_1P'_2\cdots P'_n}\to S_{圆}=\pi a^2$$

所以

$$S_{椭圆}=\frac{b}{a}\cdot\pi a^2=\pi ab$$

9.9　双曲线的参数方程

如图 9.11，以原点 O 为圆心，以 $a,b(a>0,b>0)$ 分别为半径作圆，作圆 (O,a) 的半径 OA，通过 A 作这圆的切线与 x 轴相交于点 A'. 设圆 (O,b) 与射线 OA' 相交于点 B，通过 B 作圆 (O,b) 的切线与射线 OA 相交于点 B'，通过 A'，B' 各作 x 轴、y 轴的垂线相交于点 M，我们来求点 M 的轨迹的参数方程.

取 $\angle xOA=\varphi$ 为参数，则点 M 的横坐标 $x=OA'=a\sec\varphi$，点 M 的纵坐标 $y=A'M=BB'=b\tan\varphi$，这就得到点 M 的轨迹的参数方程

$$\begin{cases} x = a\sec\varphi \\ y = b\tan\varphi \end{cases} \quad (\varphi \text{ 为参数}) \tag{9.37}$$

消去参数 φ 便得点 M 的轨迹的普通方程

$$\frac{x^2}{a^2} - \frac{y^2}{b^2} = 1$$

可见点 M 的轨迹是双曲线,即(9.37)为这条双曲线的参数方程.

如图 9.12,用类似的方法可以得到双曲线 $\dfrac{x^2}{b^2} - \dfrac{y^2}{a^2} = -1$ 的参数方程

$$\begin{cases} x = b\cot\varphi \\ y = a\csc\varphi \end{cases} \tag{9.38}$$

这里参数 φ 的几何意义和上面相同.

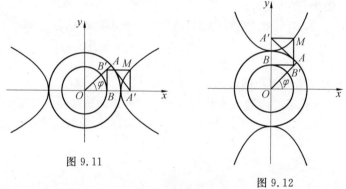

图 9.11

图 9.12

定理 9.6 双曲线 $\dfrac{x^2}{a^2} - \dfrac{y^2}{b^2} = 1$ 的参数方程为

$$\begin{cases} x = a\sec\varphi \\ y = b\tan\varphi \end{cases} \quad (\varphi \text{ 为参数})$$

双曲线 $\dfrac{x^2}{b^2} - \dfrac{y^2}{a^2} = -1$ 的参数方程为

$$\begin{cases} x = b\cot\varphi \\ y = a\csc\varphi \end{cases} \quad (\varphi \text{ 为参数})$$

上面的圆 (O,a) 和圆 (O,b) 都叫作双曲线 $\dfrac{x^2}{a^2} - \dfrac{y^2}{b^2} = 1$ 或 $\dfrac{x^2}{b^2} - \dfrac{y^2}{a^2} = -1$ 的辅助圆,φ 仍叫作点 M 的离心角.

例 1 双曲线 $\dfrac{x^2}{a^2} - \dfrac{y^2}{b^2} = 1$ 的另一种参数方程可用以下方法求得:将双曲线的方程改写为

$$\left(\frac{x}{a}+\frac{y}{b}\right)\left(\frac{x}{a}-\frac{y}{b}\right)=1 \qquad (9.39)$$

令 $\dfrac{x}{a}+\dfrac{y}{b}=t(t\neq 0)$，代入 (9.39) 便得

$$\frac{x}{a}-\frac{y}{b}=t^{-1}$$

于是 (9.39) 分解为

$$\begin{cases}\dfrac{x}{a}+\dfrac{y}{b}=t \\[2mm] \dfrac{x}{a}-\dfrac{y}{b}=t^{-1}\end{cases} \qquad (9.40)$$

由此解出

$$\begin{cases}x=\dfrac{a}{2}(t+t^{-1}) \\[2mm] y=\dfrac{b}{2}(t-t^{-1})\end{cases} \qquad (-\infty<t<+\infty,t\neq 0) \qquad (9.41)$$

若由 (9.41) 消去 t 就得到 (9.39)，(9.41) 是双曲线 (9.39) 的另一种参数方程. 23

(9.41) 的几何意义是，双曲线可看成是 (9.40) 的两个直线系的对应直线的交点的轨迹，这两个直线系分别平行于渐近线 $\dfrac{x}{a}+\dfrac{y}{b}=0$ 和 $\dfrac{x}{a}-\dfrac{y}{b}=0$.

用同样的方法可求得双曲线 $\dfrac{x^2}{b^2}-\dfrac{y^2}{a^2}=-1$ 的另一种参数方程为

$$\begin{cases}x=\dfrac{b}{2}(t-t^{-1}) \\[2mm] y=\dfrac{a}{2}(t+t^{-1})\end{cases} \qquad (-\infty<t<+\infty,t\neq 0)$$

例 2 设 Z 是一个复数，它的模为 $r>0$ 且 $r\neq 1$，辐角为 θ，作一复数 W，使 $W=Z+\dfrac{1}{Z}$.

(1) 用 r,θ 表示出 $W=x+y\mathrm{i}$ 中的 x,y；

(2) 当点 Z 在以原点为圆心，半径为 r 的圆上运动时，求复数 W 的对应点的轨迹；

(3) 当点 Z 在通过原点、并且倾斜角为 θ 的直线上运动时，求复数 W 的对应点的轨迹.

解 (1) 因 Z 的模为 r，辐角为 θ，所以

$$Z=r(\cos\theta+\mathrm{i}\sin\theta)$$

并且

$$\frac{1}{Z} = \frac{1}{r}(\cos \theta - \mathrm{i}\sin \theta)$$

所以

$$W = Z + \frac{1}{Z} = \left(r + \frac{1}{r}\right)\cos \theta + \mathrm{i}\left(r - \frac{1}{r}\right)\sin \theta$$

由于 $W = x + y\mathrm{i}$,所以

$$\begin{cases} x = \left(r + \dfrac{1}{r}\right)\cos \theta \\ y = \left(r - \dfrac{1}{r}\right)\sin \theta \end{cases}$$

(2) 按题设条件,这时 r 为常数,θ 为参数,则

$$\begin{cases} x = \left(r + \dfrac{1}{r}\right)\cos \theta \\ y = \left(r - \dfrac{1}{r}\right)\sin \theta \end{cases} \quad (\theta \text{ 为参数})$$

24　为 W 的对应点的轨迹的参数方程,消去参数 θ,得

$$\frac{x^2}{\left(r + \dfrac{1}{r}\right)^2} + \frac{y^2}{\left(r - \dfrac{1}{r}\right)^2} = 1$$

轨迹为椭圆.

(3) 按题设条件,这时 r 为参数,θ 为常数,则

$$\begin{cases} x = \left(r + \dfrac{1}{r}\right)\cos \theta \\ y = \left(r - \dfrac{1}{r}\right)\sin \theta \end{cases} \quad (r \text{ 为参数})$$

为 W 的对应点的轨迹的参数方程,消去参数 r,得

$$\frac{x^2}{(2\cos \theta)^2} - \frac{y^2}{(2\sin \theta)^2} = 1$$

轨迹为双曲线.

9.10　抛物线的参数方程

由方程 $y^2 = 2px$ 得到以下的等式

$$\frac{x}{y} = \frac{y}{2p}$$

$\dfrac{x}{y}$ 和 $\dfrac{y}{2p}$ 是相等的两个变数,设 $\dfrac{x}{y}=\dfrac{y}{2p}=t$,这就得

$$y=2pt,\quad x=yt=2pt^2$$

于是得到抛物线 $y^2=2px$ 的参数方程

$$\begin{cases}x=2pt^2\\y=2pt\end{cases}\quad(t\text{ 为参数})$$

定理 9.7　抛物线 $y^2=2px$ 的参数方程为

$$\begin{cases}x=2pt^2\\y=2pt\end{cases}\quad(t\text{ 为参数})\tag{9.42}$$

相仿地,抛物线 $y^2=-2px,x^2=2py$ 和 $x^2=-2py$ 的参数方程分别为

$$\begin{cases}x=-2pt^2\\y=-2pt\end{cases},\quad\begin{cases}x=\dfrac{2p}{t}\\y=\dfrac{2p}{t^2}\end{cases},\quad\begin{cases}x=-\dfrac{2p}{t}\\y=-\dfrac{2p}{t^2}\end{cases}\quad(t\text{ 为参数})$$

不难看出,参数 t 恰是抛物线上任意一点 (x,y) 与原点连线的斜率的倒数. 我们把抛物线 $y^2=2px$ 的点 $(2pt^2,2pt)$ 叫作"点 t".

例 1　求证:(1)如果 $P(2pt_1^2,2pt_1)$ 和 $Q(2pt_2^2,2pt_2)$ 是抛物线 $y^2=2px$ 的焦点弦的两端,那么,$4t_1t_2=-1$(所以用 $-\dfrac{1}{4t}$ 代替抛物线 $y^2=2px$ 的焦点弦的一个端点的坐标 $(2pt^2,2pt)$ 中的 t,就得到这焦点弦的另一个端点的坐标).

(2)如果抛物线 $y^2=2px$ 上的点 $P(2pt_1^2,2pt_1)$ 和点 $Q(2pt_2^2,2pt_2)$ 对抛物线 $y^2=2px$ 的顶点 O 张成直角,那么,$t_1t_2=-1$(所以用 $-\dfrac{1}{t}$ 代替抛物线 $y^2=2px$ 上的点 P(或 Q)的坐标 $(2pt^2,2pt)$ 中的 t,就得点 Q(或 P)的坐标).

(3)抛物线 $y^2=2pt$ 上两点 $P(2pt_1^2,2pt_1)$ 和 $Q(2pt_2^2,2pt_2)$ 的切线的交点 T 的坐标为

$$(2pt_1t_2,p(t_1+t_2))$$

证明　(1)因 $P(2pt_1^2,2pt_1)$ 和 $Q(2pt_2^2,2pt_2)$ 是 $y^2=2px$ 的一条焦点弦的两个端点,所以它们和焦点 $(\dfrac{p}{2},0)$ 共线,所以有

$$\begin{vmatrix}2pt_1^2 & 2pt_1 & 1\\2pt_2^2 & 2pt_2 & 1\\\dfrac{p}{2} & 0 & 1\end{vmatrix}=p^2(t_1-t_2)(4t_1t_2+1)=0$$

25

但 $p \neq 0, t_1 - t_2 \neq 0$，所以 $4t_1t_2 = -1$.

（2）因这抛物线的顶点为 $O(0,0)$，所以

$$k_{OP} = \frac{2pt_1}{2pt_1^2} = \frac{1}{t_1}, \quad k_{OQ} = \frac{1}{t_2}$$

因为 $OP \perp OQ$，所以

$$\frac{1}{t_1} \cdot \frac{1}{t_2} = -1$$

即

$$t_1t_2 = -1$$

（3）抛物线 $y^2 = 2px$ 上的点 $(2pt_1^2, 2pt_1)$ 和 $(2pt_2^2, 2pt_2)$ 的切线的方程分别为

$$2pt_1y = p(x + 2pt_1^2)$$

和

$$2pt_2y = p(x + 2pt_2^2)$$

即

$$2t_1y = x + 2pt_1^2$$

和

$$2t_2y = x + 2pt_2^2$$

两式左、右各相减便得

$$2(t_1 - t_2)y = 2p(t_1^2 - t_2^2)$$

由此得

$$y = p(t_1 + t_2)$$

把这结果代入第一条切线的方程便得

$$x = 2t_1 \cdot p(t_1 + t_2) - 2pt_1^2 = 2pt_1t_2$$

这就证明了两切线的交点的坐标为 $(2pt_1t_2, p(t_1 + t_2))$.

例2 已知抛物线 $y^2 = 2px$，以顶点 O 为端点任作两垂直弦 OP 与 OQ，求弦 PQ 的中点 M 的轨迹.

解 设点 P 的坐标为 $(2pt^2, 2pt)$，由于 $OP \perp OQ$，所以点 Q 的坐标为 $(\frac{2p}{t^2}, -\frac{2p}{t})$（例1的（2））.设弦 PQ 的中点 M 的坐标为 (x, y)，则

$$\begin{cases} x = p\left(t^2 + \dfrac{1}{t^2}\right) & (9.43) \\[2mm] y = p\left(t - \dfrac{1}{t}\right) & (9.44) \end{cases} \quad (t \text{ 为参数})$$

这就是点 M 的轨迹的参数方程.

消参数 t：把（9.44）的两端平方，得

$$y^2 = p^2\left(t^2 + \frac{1}{t^2}\right) - 2p^2 \tag{9.45}$$

把（9.43）代入（9.45）得

$$y^2 = px - 2p^2$$

即

$$y^2 = p(x - 2p)$$

这即是 M 的轨迹的普通方程.

由 M 的轨迹的普通方程知道，M 的轨迹是抛物线，它的顶点为 $(2p,0)$，开口向右，通径为 p（原抛物线的通径的一半）（图 9.13）.

例 3 求证：抛物线上任意三点的切线围成的三角形的垂心在抛物线的准线上.

证明 设抛物线 $y^2 = 2px$ 上的三点分别为 $(2pt_1^2, 2pt_1)$，$(2pt_2^2, 2pt_2)$，$(2pt_3^2, 2pt_3)$，那么三切线中每两条的交点为

$$A(2pt_2t_3, p(t_2 + t_3))$$
$$B(2pt_3t_1, p(t_3 + t_1))$$
$$C(2pt_1t_2, p(t_1 + t_2))$$

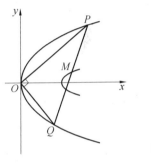

图 9.13

（例 1 的（3）），于是 BC 上的高线的方程为

$$2t_1x + y = p(t_2 + t_3 + 4t_1t_2t_3)$$

CA 上的高线的方程为

$$2t_2x + y = p(t_3 + t_1 + 4t_1t_2t_3)$$

因而 $\triangle ABC$ 的垂心的横坐标为 $-\dfrac{p}{2}$，故垂心在准线上.

例 4 求证：向斜上方抛射一个物体，如果不考虑空气的阻力、浮力、风向这类因素的影响，那么，物体的运动轨迹是抛物线弧.

证明 为考虑问题方便，假定物体是从地面上抛出的，并且地面是水平的. 在轨迹所在的平面上建立直角坐标系：取抛射点为坐标原点，x 轴的正半轴通过物体的落地点（图 9.14）. 设物体的初速度为 v_0，抛射角（x 轴的正方向与抛射方向的夹角）为 α. 作有向线段 $\overrightarrow{OA}$ 表示初速度 v_0，作 $AB \perp x$ 轴于点 B，作 $AC \perp y$ 轴于点 C，则 v_0 的水平分速度可用有向线段 $\overrightarrow{OB}$ 表示，垂直分速度可用

有向线段 $\overline{OC}$ 表示. 水平分速度 $\overline{OB} = v_0 \cos \alpha$，垂直分速度 $\overline{OC} = v_0 \sin \alpha$. 在轨迹上任取一点 $M(x,y)$，设物体运动了时间 t 后到达 M，则

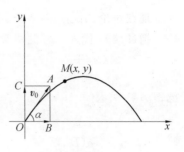

$$x = (v_0 \cos \alpha)t = v_0 t \cos \alpha$$

$$y = (v_0 \sin \alpha)t - \frac{1}{2}gt^2 = v_0 t \sin \alpha - \frac{1}{2}gt^2$$

这样，M 的坐标 x,y 都表示成物体运动时间 t 的函数了

$$\begin{cases} x = v_0 t \cos \alpha \\ y = v_0 t \sin \alpha - \frac{1}{2}gt^2 \end{cases} \quad (0 \leqslant t \leqslant T) \tag{9.46}$$

图 9.14

这里 T 表示物体运动的时间，方程组(9.46)即是斜抛物体的轨迹的参数方程.

从参数方程(9.46)中消去参数 t，就得到轨迹的普通方程

$$y = -\frac{g}{2v_0^2 \cos^2 \alpha}x^2 + \left(\frac{\sin \alpha}{\cos \alpha}\right)x \tag{9.47}$$

28 由(9.47)可知，运动轨迹是一段抛物线，这抛物线的轴平行于 y 轴，其顶点为 $\left(\frac{v_0^2 \sin 2\alpha}{2g}, \frac{v_0^2 \sin 2\alpha}{2g}\right)$，开口向下.

9.11 二次曲线的渐近线

在第2章和第6章，介绍了曲线的渐近线概念及有关定理. 二次曲线是解析几何中的主要研究对象，现在利用直线的参数方程进一步讨论二次曲线的渐近线概念及有关定理.

9.11.1 二次曲线与直线的相关位置

设二次曲线的方程为

$$F(x,y) = Ax^2 + 2Bxy + Cy^2 + 2Dx + 2Ey + F = 0 \tag{9.48}$$

(其中 A,B,C 至少有一个不为0)直线 l 通过点 $M_0(x_0,y_0)$，并且斜率为 $\frac{\mu}{\lambda}$，则 l 的参数方程为

$$\begin{cases} x = x_0 + \lambda t \\ y = y_0 + \mu t \end{cases} \quad (t \text{ 为参数}) \tag{9.49}$$

现在讨论二次曲线(9.48)与直线(9.49)的交点.

把(9.49)代入(9.48),得

$$A(x_0+\lambda t)^2+2B(x_0+\lambda t)(y_0+\mu t)+C(y_0+\mu t)^2+$$
$$2D(x_0+\lambda t)+2E(y_0+\mu t)+F=0$$

经过整理,得到一个关于 t 的方程

$$(A\lambda^2+2B\lambda\mu+C\mu^2)t^2+2[\lambda(Ax_0+By_0+D)+$$
$$\mu(Bx_0+Cy_0+E)]t+(Ax_0^2+2Bx_0y_0+Cy_0^2+$$
$$2Dx_0+2Ey_0+F)=0$$

即

$$\Phi(\lambda,\mu)t^2+2[\lambda F_1(x_0,y_0)+ \qquad\qquad (9.50)$$
$$\mu F_2(x_0,y_0)]t+F(x_0,y_0)=0$$

如果我们从(9.50)解出 t,那么,把 t 的每个值代入(9.49)后,就能得出直线(9.49)与二次曲线(9.48)的交点,从而了解二次曲线与直线的相关位置.

方程(9.50)的根可分以下四种情形讨论.

(1)当 $\Phi(\lambda,\mu)\neq 0$ 时,方程(9.50)是 t 的一个二次方程,它的根的判别式

$$\Delta=[\lambda F_1(x_0,y_0)+\mu F_2(x_0,y_0)]^2-\Phi(\lambda,\mu)\cdot F(x_0,y_0)$$

这里又分以下三种情形:

① 当 $\Delta>0$ 时,方程(9.50)有两个不相等的实根,从而直线(9.49)与二次曲线(9.48)有两个不同的实交点.

② 当 $\Delta=0$ 时,方程(9.50)有两个相等的实根,从而直线(9.49)与二次曲线(9.48)有两个重合的实交点.

③ 当 $\Delta<0$ 时,方程(9.50)没有实根,从而直线(9.49)与二次曲线(9.48)没有实交点. 但方程(9.50)有两个共轭虚根,因此直线(9.49)与二次曲线(9.48)有两个共轭虚交点.

总之,在情形(1)里,直线(9.49)和二次曲线(9.48)总有两个交点,这两个交点是实的或虚的,不同的或重合的.

(2)当 $\Phi(\lambda,\mu)=0$,但 $\lambda F_1(x_0,y_0)+\mu F_2(x_0,y_0)\neq 0$ 时,方程(9.50)变为 t 的一个一次方程,它有唯一的一个实根,从而直线(9.49)与二次曲线(9.48)有唯一的一个实交点.

(3)当 $\Phi(\lambda,\mu)=0$,$\lambda F_1(x_0,y_0)=\mu F_2(x_0,y_0)=0$,$F(x_0,y_0)\neq 0$ 时,方程(9.50)是一个矛盾方程,它没有解,从而直线(9.49)与二次曲线(9.48)没有确定的实交点或虚交点.

(4)当 $\Phi(\lambda,\mu)=0$,$\lambda F_1(x_0,y_0)+\mu F_2(x_0,y_0)=0$,$F(x_0,y_0)=0$ 时,方程

(9.50) 的三个系数都等于 0,它成为一个恒等式,即它被任何值的 t 所满足,所以直线(9.49)的任何点都是它与二次曲线(9.48)的公共点;从而整条直线(9.49)属于二次曲线(9.48).

由以上的讨论我们给出以下的定义.

定义 满足条件 $\Phi(\lambda,\mu) = A\lambda^2 + 2B\lambda\mu + C\mu^2 = 0$ 的 $\lambda : \mu$ 叫作二次曲线的渐近方向;不满足条件 $\Phi(\lambda,\mu) = 0$ 的 $\lambda : \mu$ 叫作二次曲线的非渐近方向.

现在来讨论各种类型的二次曲线是否有渐近方向;如果有,有几个. 为此,来讨论渐近方向所满足的方程

$$\Phi(\lambda,\mu) = A\lambda^2 + 2B\lambda\mu + C\mu^2 = 0$$

因为 A, B, C 不全为 0,所以 $\Phi(\lambda,\mu) = 0$ 总有确定的解.

如果 $A \neq 0$,这时把 $\Phi(\lambda,\mu) = 0$ 改写为

$$A\left(\frac{\lambda}{\mu}\right)^2 + 2B\left(\frac{\lambda}{\mu}\right) + C = 0$$

由此得

$$\frac{\lambda}{\mu} = \frac{-B \pm \sqrt{B^2 - AC}}{A} = \frac{-B \pm \sqrt{-I_2}}{A}$$

如果 $C \neq 0$,这时把 $\Phi(\lambda,\mu) = 0$ 改写为

$$C\left(\frac{\mu}{\lambda}\right)^2 + 2B\left(\frac{\mu}{\lambda}\right) + A = 0$$

由此得

$$\frac{\mu}{\lambda} = \frac{-B \pm \sqrt{B^2 - AC}}{C} = \frac{-B \pm \sqrt{-I_2}}{C}$$

如果 $A = C = 0$,那么一定有 $B \neq 0$,这时 $\Phi(\lambda,\mu) = 0$ 变为

$$2B\lambda\mu = 0$$

从而 $\lambda \neq 0, \mu = 0$ 或 $\lambda = 0, \mu \neq 0$,所以

$$\lambda : \mu = 1 : 0 \quad \text{或} \quad \lambda : \mu = 0 : 1$$

这时

$$I_2 = \begin{vmatrix} 0 & B \\ B & 0 \end{vmatrix} = -B^2 < 0$$

从以上的讨论得到以下的结论:

(1) 当而且只当 $I_2 > 0$ 时,二次曲线(9.48)的渐近方向是一对共轭的虚渐近方向,即椭圆型二次曲线有一对共轭的虚渐近方向.

(2) 当而且只当 $I_2 = 0$ 时,二次曲线(9.48)有一个实渐近方向,即抛物型二

次曲线有一个实渐近方向.

(3) 当而且只当 $I_2 < 0$ 时,二次曲线(9.48)有两个不同的实渐近方向,即双曲型二次曲线有两个不同的实渐近方向.

9.11.2　二次曲线的渐近线

下面我们利用二次曲线的中心及渐近方向这两个概念给出二次曲线的渐近线的定义.

定义　通过二次曲线的中心,而且以这二次曲线的渐近方向为方向的直线叫作这二次曲线的渐近线.

这里需要注意,渐近线的方向 $\lambda : \mu$ 并不是渐近线的斜率,而是斜率的倒数.

由本定义及 9.11.1 中的讨论可知:椭圆型二次曲线只有两条虚渐近线而无实渐近线(即在实解析几何中椭圆型曲线无渐近线);双曲型二次曲线有两条实渐近线;抛物型二次曲线中的无心曲线(抛物线)没有渐近线,至于抛物型二次曲线中的线心曲线,它有一条实渐近线,就是它的中心直线.

定理 9.8　二次曲线的渐近线与这二次曲线或者没有任何实、虚交点,或者整个属于这二次曲线,而成为二次曲线的组成部分.

证明　设直线

$$\begin{cases} x = x_0 + \lambda t \\ y = y_0 = \mu t \end{cases}$$

为二次曲线

$$F(x,y) = Ax^2 + 2Bxy + Cy^2 + 2Dx + 2Ey + F = 0$$

的渐近线,这里 (x_0, y_0) 为二次曲线的中心,所以有

$$F_1(x_0, y_0) = 0, \quad F_2(x_0, y_0) = 0$$

所以

$$\lambda F_1(x_0, y_0) + \mu F_2(x_0, y_0) = 0$$

又因为 $\lambda : \mu$ 为二次曲线的渐近方向,所以又有

$$\Phi(\lambda, \mu) = 0$$

若中心 (x_0, y_0) 不在二次曲线上,即 $F(x_0, y_0) \neq 0$,这就是 9.11.1 中的情形(3),这时渐近线与二次曲线没有任何实、虚交点;若中心 (x_0, y_0) 在二次曲线上,即 $F(x_0, y_0) = 0$,这就是 9.11.1 中的情形(4),这时渐近线整个属于这二次曲线.

求二次曲线的渐近线的方程可根据二次曲线的渐近线的定义(先求出曲线

的中心及渐近方向),也可应用以下的定理.

定理 9.9 二次曲线

$$F(x,y) = Ax^2 + 2Bxy + Cy^2 + 2Dx + 2Ey + F = 0 \tag{9.51}$$

的渐近线的方程为

$$\lambda F_1(x,y) + \mu F_2(x,y) = 0 \tag{9.52}$$

即

$$(A\lambda + B\mu)x + (B\lambda + C\mu)y + (D\lambda + E\mu) = 0$$

其中 $\lambda : \mu$ 是由 $\Phi(\lambda, \mu) = 0$ 确定的.

证明 设 (x_0, y_0) 是二次曲线 (9.51) 的中心,则 $F_1(x_0, y_0) = 0, F_2(x_0, y_0) = 0$,从而

$$\lambda F_1(x_0, y_0) + \mu F_2(x_0, y_0) = \lambda \cdot 0 + \mu \cdot 0 = 0$$

所以直线 (9.52) 通过二次曲线的中心. 又直线 (9.52) 的方向为 $-\dfrac{B\lambda + C\mu}{A\lambda + B\mu}$,实

际等于二次曲线的渐近方向 $\lambda : \mu$,即

$$-\frac{B\lambda + C\mu}{A\lambda + B\mu} = \frac{\lambda}{\mu}$$

这等式由 $A\lambda^2 + 2B\lambda\mu + C\mu^2 = 0$ 立即推出.

既然 (9.52) 通过二次曲线的中心 (x_0, y_0),并且具有渐近方向 $\lambda : \mu$,所以它是二次曲线 (9.51) 的渐近线的方程.

例 1 求二次曲线 (1) $\dfrac{x^2}{a^2} - \dfrac{y^2}{b^2} = 1$;(2) $\dfrac{x^2}{a^2} - \dfrac{y^2}{b^2} = 0$ 的渐近线的方程.

解 (1) 已知二次曲线的中心为原点.

再求渐近方向:由于

$$\Phi(\lambda, \mu) = \frac{\lambda^2}{a^2} - \frac{\mu^2}{b^2} = 0$$

所以渐近方向

$$\frac{\lambda}{\mu} = \frac{a}{b} \quad \text{或} \quad \frac{\lambda}{\mu} = -\frac{a}{b}$$

即渐近线的斜率为 $\dfrac{b}{a}$ 或 $-\dfrac{b}{a}$,所以渐近线的方程为

$$y = \frac{b}{a}x \quad \text{和} \quad y = -\frac{b}{a}x$$

即

$$bx - ay = 0 \quad \text{和} \quad bx + ay = 0$$

这和定理 6.3 结果相同.

(2) 与 (1) 的结果相同, 曲线的渐近线的方程为

$$bx - ay = 0 \quad 和 \quad bx + ay = 0$$

即渐近线重合于原曲线.

请读者用定理 9.9 解本例题.

例 2　求双曲线 $3x^2 - 5xy - 2y^2 + 5x + 11y - 8 = 0$ 的渐近线(即 8.9 例 2 中(2) 的前半部分).

解法 1　先求中心. 这里 $A = 3, B = -\dfrac{5}{2}, C = -2, D = \dfrac{5}{2}, E = \dfrac{11}{2}$, 解方程组

$$\begin{cases} 3x_0 - \dfrac{5}{2}y_0 + \dfrac{5}{2} = 0 \\[2mm] -\dfrac{5}{2}x_0 - 2y_0 + \dfrac{11}{2} = 0 \end{cases}$$

得 $x_0 = \dfrac{5}{7}, y_0 = \dfrac{13}{7}$, 即双曲线的中心为 $\left(\dfrac{5}{7}, \dfrac{13}{7}\right)$.

再求渐近方向, 由于

$$\Phi(\lambda, \mu) = 3\lambda^2 - 5\lambda\mu - 2\mu^2 = 0$$

所以渐近方向

$$\frac{\lambda}{\mu} = 2 \quad 或 \quad \frac{\lambda}{\mu} = -\frac{1}{3}$$

即渐近线的斜率为 $\dfrac{1}{2}$ 或 -3.

由渐近线的定义可知渐近线的方程为

$$y - \frac{13}{7} = \frac{1}{2}\left(x - \frac{5}{7}\right)$$

和

$$y - \frac{13}{7} = -3\left(x - \frac{5}{7}\right)$$

即

$$x - 2y + 3 = 0 \quad 和 \quad 3x + y - 4 = 0$$

解法 2　利用定理 9.9 解

$$F_1(x, y) = 3x - \frac{5}{2}y + \frac{5}{2}$$

$$F_2(x, y) = -\frac{5}{2}y - 2y + \frac{11}{2}$$

又 $\lambda:\mu=2$ 或 $\lambda:\mu=-\dfrac{1}{3}$，所以渐近线的方程为

$$2\cdot\left(3x-\frac{5}{2}y+\frac{5}{2}\right)+1\cdot\left(-\frac{5}{2}x-2y+\frac{11}{2}\right)=0$$

和

$$1\cdot\left(3x-\frac{5}{2}y+\frac{5}{2}\right)-3\cdot\left(-\frac{5}{2}x-2y+\frac{11}{2}\right)=0$$

即

$$x-2y+3=0 \quad 和 \quad 3x+y-4=0$$

9.12　二次曲线的切线

9.12.1　二次曲线的奇异点

定义　设 $F(x,y)=0$ 是二次曲线，如果点 (x_0,y_0) 满足三个条件

$$\begin{cases} F(x_0,y_0)=0 \\ F_1(x_0,y_0)=0 \\ F_2(x_0,y_0)=0 \end{cases}$$

那么，点 (x_0,y_0) 叫作二次曲线 $F(x,y)=0$ 的一个奇异点(奇点)，二次曲线上的非奇异点叫作二次曲线的正常点．

在上述定义中，第一个条件 $F(x_0,y_0)=0$ 是说点 (x_0,y_0) 是二次曲线 $F(x,y)=0$ 上的点，后两个条件 $F_1(x_0,y_0)=F_2(x_0,y_0)=0$ 是说点 (x_0,y_0) 是二次曲线 $F(x,y)=0$ 的中心．于是，二次曲线的奇异点位于曲线上的中心．

9.12.2　二次曲线的切线

在第 5 章，我们给出了曲线的切线的定义，在数学分析中也采用这个定义，它适用于一般曲线．在解析几何中，讨论的基本对象是二次曲线，在解析几何中常单独给二次曲线的切线规定一个定义．对二次曲线来说，这个定义与数学分析中曲线的定义并不完全一致．这个定义如下．

定义　若一直线与二次曲线相交于互相重合的两个点，或者直线属于这二次曲线，则这直线叫作这二次曲线的切线．切线上属于二次曲线的点叫作切

点.

定理 9.10　二次曲线
$$Ax^2 + 2Bxy + Cy^2 + 2Dx + 2Ey + F = 0$$
上一个正常点 $M(x_0, y_0)$ 的切线的方程为
$$Ax_0 x + B(y_0 x + x_0 y) + Cy_0 y + D(x + x_0) + E(y_0 + y) + F = 0$$

证法 1(数学分析方法)　在二次曲线上已知点 M 的附近另取一点 $N(x_0 + \Delta x, y_0 + \Delta y)$,由于 M, N 都在已知二次曲线上,所以以下的两个等式成立
$$Ax_0^2 + 2Bx_0 y_0 + Cy_0^2 + 2Dx_0 + 2Ey_0 + F = 0$$
$$A(x_0 + \Delta x)^2 + 2B(x_0 + \Delta x)(y_0 + \Delta y) + C(y_0 + \Delta y)^2 +$$
$$2D(x_0 + \Delta x) + 2E(y_0 + \Delta y) + F = 0$$
把这两个等式左右各相减,得
$$2A \cdot \Delta x \cdot x_0 + A \cdot (\Delta x)^2 + 2B \cdot \Delta y \cdot x_0 + 2B \cdot \Delta x \cdot y_0 +$$
$$2B \cdot \Delta x \cdot \Delta y + 2C \cdot \Delta y \cdot y_0 + C \cdot (\Delta y)^2 +$$
$$2D \cdot \Delta x + 2E \cdot \Delta y = 0$$
即

$$(2Ax_0 + A \cdot \Delta x + 2By_0 + 2B \cdot \Delta y + 2D)\Delta x =$$
$$-(2Bx_0 + 2Cy_0 + C \cdot \Delta y + 2E)\Delta y$$
所以割线 MN 的斜率
$$\frac{\Delta y}{\Delta x} = -\frac{2Ax_0 + A \cdot \Delta x + 2By_0 + 2B \cdot \Delta y + 2D}{2Bx_0 + 2Cy_0 + C \cdot \Delta y + 2E}$$
所以点 M 的切线的斜率
$$k = \lim_{\substack{\Delta x \to 0 \\ \Delta y \to 0}} \frac{\Delta y}{\Delta x} = -\frac{Ax_0 + By_0 + D}{Bx_0 + Cy_0 + E}$$
由于 $M(x_0, y_0)$ 是曲线上的一个正常点,所以 $F_1(x_0, y_0) = Ax_0 + By_0 + D$ 与 $F_2(x_0, y_0) = Bx_0 + Cy_0 + E$ 不会同时为 0,所以曲线在点 $M(x_0, y_0)$ 的切线的方程为
$$(x - x_0)(Ax_0 + By_0 + D) + (y - y_0)(Bx_0 + Cy_0 + E) = 0$$
由此得
$$Ax_0 x + B(y_0 x + x_0 y) + Cy_0 y + D(x + x_0) + E(y + y_0) -$$
$$(Ax_0^2 + 2Bx_0 y_0 + Cy_0^2 + 2Dx_0 + 2Ey_0) = 0$$
但因 $M(x_0, y_0)$ 在曲线上,所以
$$-(Ax_0^2 + 2Bx_0 y_0 + Cy_0^2 + 2Dx_0 + 2Ey_0) = F$$
所以点 M 的切线的方程为

$$Ax_0x + B(y_0x + x_0y) + Cy_0y + D(x+x_0) + E(y+y_0) + F = 0$$

证法 2(代数方法) 已知二次曲线的方程为

$$F(x,y) = Ax^2 + 2Bxy + Cy^2 + 2Dx + 2Ey + F = 0$$

这曲线上的已知正常点为(x_0, y_0). 设曲线在已知点的切线方程为

$$\begin{cases} x = x_0 + \lambda t \\ y = y_0 + \mu t \end{cases} \quad (t \text{ 为参数})$$

为确定切线方程,需考虑切线与二次曲线的交点,为此,把$x_0 + \lambda t, y_0 + \mu t$分别代入曲线方程中的$x,y$,由 9.11.1 可知,得到一个关于$t$的方程

$$\Phi(\lambda, \mu)t^2 + 2[\lambda F_1(x_0, y_0) + \mu F_2(x_0, y_0)]t + F(x_0, y_0) = 0$$

当$\Phi(\lambda, \mu) \neq 0$时,上式是$t$的一个二次方程,由二次曲线切线的定义,切线与二次曲线要相交于两个重合的点,从而上面t的二次方程有两个相同的实根,所以判别式

$$\Delta = [\lambda F_1(x_0, y_0) + \mu F_2(x_0, y_0)]^2 - \Phi(\lambda, \mu)F(x_0, y_0) = 0$$

但因(x_0, y_0)在$F(x,y) = 0$上,从而$F(x_0, y_0) = 0$,所以有

$$\lambda F_1(x_0, y_0) + \mu F_2(x_0, y_0) = 0$$

当$\Phi(\lambda, \mu) = 0$时,上式是t的一个一次方程

$$2[\lambda F_1(x_0, y_0) + \mu F_2(x_0, y_0)]t + F(x_0, y_0) = 0$$

由二次曲线切线的定义,这时切线应该全部在二次曲线上. 而$F(x_0, y_0) = 0$,由 9.11.1 的讨论可知仍有

$$\lambda F_1(x_0, y_0) + \mu F_2(x_0, y_0) = 0$$

既然(x_0, y_0)为正常点,所以$F_1(x_0, y_0)$和$F_2(x_0, y_0)$不全为 0,从而有

$$\lambda : \mu = F_2(x_0, y_0) : -F_1(x_0, y_0)$$

因此曲线在点(x_0, y_0)的切线的参数方程为

$$\begin{cases} x = x_0 + F_2(x_0, y_0) \cdot t \\ y = y_0 - F_1(x_0, y_0) \cdot t \end{cases} \quad (t \text{ 为参数})$$

消去参数t,得切线的普通方程

$$(x - x_0)F_1(x_0, y_0) + (y - y_0)F_2(x_0, y_0) = 0$$

把这个方程展开就得到

$$Ax_0x + B(y_0x + x_0y) + Cy_0y + D(x + x_0) +$$
$$E(y + y_0) + F = 0$$

从以上结果看到:要求二次曲线在正常点(x_0, y_0)的切线方程,只要把x^2与y^2分别换成x_0x与y_0y,把xy换成$\frac{1}{2}(y_0x + x_0y)$,把x与y分别换成

$\dfrac{1}{2}(x+x_0)$ 与 $\dfrac{1}{2}(y+y_0)$，而曲线方程中的系数和常数不变，就得到二次曲线在已知点的切线方程. 这就是求二次曲线上一正常点切线方程的"替换法则".

若点 $M(x_0,y_0)$ 为二次曲线的一个奇异点，定理 9.10 不适用. 而通过奇异点的每条直线都和二次曲线相交于互相重合的两点或全部在二次曲线上，由二次曲线切线的定义可知这些直线都是二次曲线的切线. 由定理 3.18，这些切线的方程为

$$\lambda(x-x_0)+\mu(y-y_0)=0 \quad (\lambda,\mu \ 不全为 \ 0)$$

例 求通过已知点并且和已知二次曲线相切的直线方程：

(1) $M(2,1)$，$x^2-xy+y^2+2x-4y-3=0$；

(2) $M(2,3)$，$2x^2-3xy+y^2+x-1=0$；

(3) $M(3,2)$，$x^2-xy-2x+2y=0$；

(4) $M(3,2)$，$x^2+2xy+y^2+2x+2y+1=0.$

解 (1) 容易验证 $M(2,1)$ 是已知二次曲线上的正常点，由定理 9.10，得到已知二次曲线在点 M 的切线的方程为

$$2x-\frac{1}{2}(x+2y)+y+(x+2)-2(y+1)-3=0$$

即

$$5x-4y-6=0$$

(2) 容易验证 $M(2,3)$ 是已知二次曲线的奇异点，所以不能用定理 9.10 求切线方程. 实际上，已知二次曲线是一对相交直线，而 M 恰是交点，所以通过 M 的每条直线都是曲线的切线，切线的方程为

$$\lambda(x-2)+\mu(y-3)=0 \quad (\lambda,\mu \ 不全为 \ 0)$$

(3) M 不在已知二次曲线上，而已知二次曲线为相交于点 $P(2,2)$ 的两相交直线，所以直线 MP 为通过 M 与已知二次曲线相切的直线，其方程为 $y=2$.

(4) M 不在已知二次曲线上，而已知二次曲线为一对重合直线，其方程即 $(x+y+1)^2=0$，所以通过 M 与已知二次曲线相交的每条直线都是已知二次曲线的切线，其方程为

$$\lambda(x-3)+\mu(y-2)=0$$

这里 λ,μ 不全为 0，并且 $\lambda \neq \mu$（保证与 $x+y+1=0$ 相交）.

9.13　二次曲线的直径,牛顿关于代数曲线的直径的一般理论

9.13.1　二次曲线的直径的定义

定义　作一组平行直线,这组平行直线的每一条与二次曲线有两个交点(实的或虚的,不同的或重合的),以两交点为端点的线段的中心的轨迹(实际是直线)叫作二次曲线的共轭于这组平行割线的直径.

9.13.2　二次曲线的直径的方程

定理 9.11　二次曲线
$$F(x,y) = Ax^2 + 2Bxy + Cy^2 + 2Dx + 2Ey + F = 0 \qquad (9.53)$$
的共轭于二次曲线的非渐近方向 $\lambda:\mu$ 的割线的直径为直线
$$\lambda F_1(x,y) + \mu F_2(x,y) = 0 \qquad (9.54)$$
即
$$(A\lambda + B\mu)x + (B\lambda + C\mu)y + (D\lambda + E\mu) = 0$$

证明　因为 $\lambda:\mu$ 为二次曲线(9.53)的非渐近方向,所以 $\Phi(\lambda,\mu) \neq 0$,所以具有方向 $\lambda:\mu$ 的割线与二次曲线(9.53)有两个交点,即割线被曲线截出一弦. 设 (x_0,y_0) 是割线上的弦的中点,那么,这割线的参数方程为
$$\begin{cases} x = x_0 + \lambda t \\ y = y_0 + \mu t \end{cases} \quad (t\ \text{为参数})$$
(这里 $\lambda = \cos\alpha, \mu = \sin\alpha$,或 $\lambda:\mu = \cos\alpha:\sin\alpha$ 都可以,α 为割线的倾斜角.) 这割线与二次曲线(9.53)的两个交点(即弦的两个端点)由以下的二次方程
$$\Phi(\lambda,\mu)t^2 + 2[\lambda F_1(x_0,y_0) + \mu F_2(x_0,y_0)]t + F(x_0,y_0) = 0 \quad (9.55)$$
的两个根 t_1 和 t_2 所决定. 因为 (x_0,y_0) 为弦的中点,由参数 t 的几何意义可知
$$t_1 + t_2 = 0$$
根据二次方程根与系数的关系可知
$$\lambda F_1(x_0,y_0) + \mu F_2(x_0,y_0) = 0$$
这个等式说明,具有非渐近方向的割线上的弦的中点的坐标 (x_0,y_0) 满足方程(9.54)

$$\lambda F_1(x,y) + \mu F_2(x,y) = 0$$

反过来,设点(x_0,y_0)满足(9.54),那么,(9.55)就有绝对值相等而符号相反的两个根,从而(x_0,y_0)为具有非渐近方向$\lambda : \mu$的割线上的弦的中点.

因此(9.54)是具有非渐近方向$\lambda : \mu$的一组割线上的弦的中点的轨迹的方程.

最后,我们还要证明(9.54)中的两个一次项的系数不能都为0.这是因为,如果系数

$$A\lambda + B\mu = 0, \quad B\lambda + C\mu = 0$$

这时就有

$$\begin{aligned}\Phi(\lambda,\mu) = A\lambda^2 + 2B\lambda\mu + C\mu^2 = \\ (A\lambda + B\mu)\lambda + (B\lambda + C\mu)\mu = \\ 0 \cdot \lambda + 0 \cdot \mu = 0\end{aligned}$$

但这与已知条件$\Phi(\lambda,\mu) \neq 0$矛盾,所以$A\lambda + B\mu$和$B\lambda + C\mu$至少有一个不为0.所以(9.54)是一个二元一次方程,它是一条直线.于是定理9.11被证明.

推论 如果二次曲线的一组具有非渐近方向平行割线的斜率为 $k\left(k = \dfrac{\mu}{\lambda}\right)$,那么共轭于这组平行割线的直径的方程为

$$F_1(x,y) + kF_2(x,y) = 0 \tag{9.56}$$

定理 9.12 中心型二次曲线(椭圆型曲线、双曲型曲线)的直径通过曲线的中心;无心型二次曲线(抛物线)的直径平行于曲线的轴;线心型二次曲线的直径只有一条,就是曲线的中心直线.

证明 从直径的方程(9.54)(或(9.56))看到,二次曲线的所有直径都属于一个线束,其中λ,μ或k为这个线束方程的参数,这个线束由两条直线

$$F_1(x,y) = Ax + By + D = 0$$

和

$$F_2(x,y) = Bx + Cy + E = 0$$

所确定.所以当二次曲线为中心型曲线时,$I_2 \neq 0$,即$\dfrac{A}{B} \neq \dfrac{B}{C}$,这时$F_1(x,y) = 0$与$F_2(x,y) = 0$有唯一交点,这交点是曲线的中心(定理8.18),既然中心型曲线的所有直径都属于这中心线束,所以曲线的所有直径都过曲线的中心.当二次曲线为无心型曲线时,$I_2 = 0, I_3 \neq 0$,即$\dfrac{A}{B} = \dfrac{B}{C} \neq \dfrac{D}{E}$,这时$F_1(x,y) = 0$与$F_2(x,y) = 0$为两平行直线,这时二次曲线的直径都属于这个平行直线束.线束

的方向为二次曲线的渐近方向 $\lambda:\mu=-\dfrac{B}{A}=-\dfrac{C}{B}$(见9.11.1),所以直径平行于

曲线的轴;当二次曲线为线心型曲线时,$I_2=0$,$I_3=0$,即 $\dfrac{A}{B}=\dfrac{B}{C}=\dfrac{D}{E}$,这时

$F_1(x,y)=0$ 与 $F_2(x,y)=0$ 为两重合直线,这时二次曲线只有一条直径,它的
方程为

$$F_1(x,y)=0 \quad (即 \ F_2(x,y)=0)$$

即线心型二次曲线的中心直径.

以下几个定理都是定理9.11和9.12的特例(当然它们也各可独立证明).

定理 9.13 椭圆 $\dfrac{x^2}{a^2}+\dfrac{y^2}{b^2}=1$ 的共轭于非渐近方向 $\lambda:\mu$ 的平行割线的直径

的方程为

$$\frac{\lambda}{a^2}x+\frac{\mu}{b^2}y=0 \tag{9.57}$$

推论 椭圆 $\dfrac{x^2}{a^2}+\dfrac{y^2}{b^2}=1$ 的共轭于斜率为 k 的平行割线的直径的方程为

$$y=-\frac{b^2}{a^2k}x \quad (k\neq 0)$$

即

$$b^2x+a^2ky=0 \tag{9.58}$$

至于椭圆 $\dfrac{x^2}{b^2}+\dfrac{y^2}{a^2}=1$ 的直径的方程只要把(9.57),(9.58)中的 a 与 b 互换

就得到了.

定理 9.14 双曲线 $\dfrac{x^2}{a^2}-\dfrac{y^2}{b^2}=1$ 的共轭于非渐近方向 $\lambda:\mu(\lambda:\mu\neq\pm a:b)$

的平行割线的直径的方程为

$$\frac{\lambda}{a^2}x-\frac{\mu}{b^2}y=0 \tag{9.59}$$

推论 双曲线 $\dfrac{x^2}{a^2}-\dfrac{y^2}{b^2}=1$ 的共轭于斜率为 $k(k\neq\pm\dfrac{b}{a})$ 的平行割线的直径

的方程为

$$y=\frac{b^2}{a^2k}x \quad (k\neq 0)$$

即

$$b^2x-a^2ky=0 \tag{9.60}$$

40

至于双曲线 $\dfrac{x^2}{b^2}-\dfrac{y^2}{a^2}=-1$ 的直径的方程只要把(9.59),(9.60)中的 a 与 b 互换就得到了($\lambda:\mu\neq\pm b:a,k\neq\pm a/b$).

说明 对定理 9.14 做一些解释.

当 $k=\dfrac{b}{a}$ 时,每条平行割线与双曲线至多有一个交点,因此这种情形应该除外,即割线不能平行于渐近线,所以当 $k=\dfrac{b}{a}$ 时这组平行割线没有共轭直径. 但当 $k\to\dfrac{b}{a}(k\neq\dfrac{b}{a})$ 时,则求得的直径的方程 $b^2x-a^2ky=0$ 也就趋近于渐近线 $bx-ay=0$,所以为了减少例外,也可以认为斜率为 $\dfrac{b}{a}$ 的平行割线,即平行于渐近线 $bx-ay=0$ 的割线组的共轭直径为

$$bx-ay=0$$

同样,可以认为斜率为 $-\dfrac{b}{a}$ 的平行割线,即平行于渐近线 $bx+ay=0$ 的割线组的共轭直径为 $bx+ay=0$.

如果同意以上的规定,则通过双曲线中心的每条直线都是它的直径了.

定理 9.15 抛物线 $y^2=2px$ 的共轭于非渐近方向 $\lambda:\mu(\lambda:\mu\neq 1:0)$ 的平行割线的直径的方程为

$$\lambda p-\mu y=0 \quad \left(\text{即 } y=\frac{\lambda}{\mu}p\right) \tag{9.61}$$

推论 抛物线 $y^2=2px$ 的共轭于斜率为 k 的平行割线的直径的方程为

$$y=\frac{p}{x} \quad (k\neq 0) \tag{9.62}$$

至于抛物线 $y^2=-2px$ 的共轭于非渐近方向 $\lambda:\mu(\lambda:\mu\neq 1:0)$ 的平行割线的直径的方程为

$$\lambda p+\mu y=0 \quad \left(\text{即 } y=-\frac{\lambda}{\mu}p\right)$$

而共轭于斜率为 k 的平行割线的直径的方程为

$$y=-\frac{p}{k} \quad (k\neq 0)$$

抛物线 $x^2=\pm 2py$ 的共轭于非渐近方向 $\lambda:\mu(\lambda:\mu\neq 0:1)$ 的平行割线的直径的方程为

$$\mu p\mp\lambda=0 \quad \left(\text{即 } x=\pm\frac{\mu}{\lambda}p\right)$$

41

而共轭于斜率为 k 的平行割线的直径的方程为
$$x = \pm kp$$

9.13.3　二次曲线的共轭直径

定义　如果二次曲线的两条直径中每条直径都平分平行于另一直径的弦,那么这两条直径叫作共轭的. 当两直径共轭时,每一直径都叫作另一直径的共轭直径.

图 9.15 中的直径 PP' 与 QQ' 共轭.

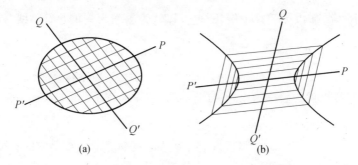

(a)　　　　　　　　(b)

图 9.15

定理 9.16　设 d 与 d' 为二次曲线 $F(x, y) = 0$ 的两条共轭直径,d 的方向为 $\lambda : \mu$,d' 的方向为 $\lambda' : \mu'$,那么,这两个方向有以下的关系
$$A\lambda\lambda' + B(\lambda\mu' + \lambda'\mu) + C\mu\mu' = 0 \tag{9.63}$$
若 d 与 d' 的斜率各为 k 与 k',那么,k 与 k' 有以下的关系
$$A + B(k + k') + Ckk' = 0 \tag{9.64}$$

证明　由于直径 d 与 d' 共轭,所以 d' 平分平行 d 的割线,d 平分平行于 d' 的割线. 由定理 9.11,d' 的方程为
$$\lambda(Ax + By + D) + \mu(Bx + Cy + E) = 0$$
它的方向为 $-(\lambda B + \mu C) : (\lambda A + \mu B)$,这方向也就是 $\lambda' : \mu'$,所以有
$$\lambda' : \mu' = -(\lambda B + \mu C) : (\lambda A + \mu B)$$
同理有
$$\lambda : \mu = -(\lambda' B + \mu' C) : (\lambda' A + \mu' B)$$
(以上两个等式是对称的)由此得
$$A\lambda\lambda' + B(\lambda\mu' + \lambda'\mu) + C\mu\mu' = 0$$

d 的斜率 $k=\dfrac{\mu}{\lambda}$, d' 的斜率 $k'=\dfrac{\mu'}{\lambda'}$, 用 $\lambda\lambda'$ 除 (9.63) 的各项, 得

$$A+B\left(\frac{\mu'}{\lambda'}+\frac{\mu}{\lambda}\right)+C\cdot\frac{\mu\mu'}{\lambda\lambda'}=0$$

所以

$$A+B(k+k')+Ckk'=0$$

以下的定理是定理 9.15 的特例 (当然也可独立证明).

定理 9.17　椭圆 $\dfrac{x^2}{a^2}+\dfrac{y^2}{b^2}=1$ $\left($或 $\dfrac{x^2}{b^2}+\dfrac{y^2}{a^2}=1\right)$ 的共轭直径的斜率的乘积为

$-\dfrac{b^2}{a^2}$ $\left($或 $-\dfrac{a^2}{b^2}\right)$. 双曲线 $\dfrac{x^2}{a^2}-\dfrac{y^2}{b^2}=1$ $\left($或 $\dfrac{x^2}{b^2}-\dfrac{y^2}{a^2}=-1\right)$ 的共轭直径的斜率的乘

积为 $\dfrac{b^2}{a^2}$ $\left($或 $\dfrac{a^2}{b^2}\right)$. 抛物线无共轭直径.

椭圆或双曲线的两轴为共轭直径.

9.13.4　二次曲线的主径

定义　如果二次曲线的一条直径垂直于被它平分的那组平行弦, 那么, 这种直径叫作二次曲线的主径.

对于中心型二次曲线来说, 主径也可如下规定: 一对共轭并且互相垂直的直径叫作这二次曲线的主径.

由这定义来看, 二次曲线的主径也就是它的轴; 所以主径也叫作主轴.

定理 9.18　椭圆 (不包括圆) 只有两条主径, 即它的两条轴; 双曲线只有两条主径, 即它的两条轴; 抛物线只有一条主径, 即它的轴.

证明　对椭圆 $\dfrac{x^2}{a^2}+\dfrac{y^2}{b^2}=1$ 来说, 显然两条轴是它的主径. 以下我们证明, 一般椭圆除去这两条主径以外, 没有其他主径了. 事实上, 任取一条其他直径, 设它的斜率为 $k(\ne0)$, 被它平分的弦的斜率为 k', 则

$$kk'=-\frac{b^2}{a^2}$$

由于 $a>b>0$, 所以 $-\dfrac{b^2}{a^2}\ne-1$, 从而斜率为 k 的这条直径不垂直于被它平分的弦, 所以这直径不是主径.

对双曲线来说, 证法相同.

对抛物线 $y^2 = 2px$ 来说,显然它的轴,即 x 轴是它的主径.若任取一组不垂直于 x 轴的平行割线,设这组割线的斜率为 k,则其共轭直径为

$$y = \frac{p}{k}$$

这直径平行于 x 轴,从而不垂直于被它平分的弦,所以这直径不是主径.

对于圆来说,每条直径都是它的主径.

至于二次曲线的主径的方程的求法已经在定理 8.2、定理 8.4、定理 8.6、定理 8.20、定理 8.22 等定理中解决了.

9.13.5　二次曲线的直径的若干性质

定理 9.19　通过非退缩二次曲线的一条直径与这二次曲线的交点引这曲线的切线,则这切线平行于被这直径平分的那组平行弦.特别地,对椭圆或双曲线来说,这切线平行于该直径的共轭直径(图 9.16).

44

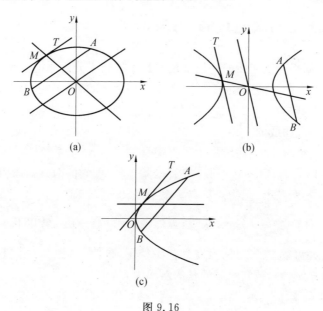

图 9.16

推论　椭圆(双曲线)的一条直径与这椭圆(双曲线)的两个交点处的两条切线互相平行.

定理 9.20　通过非退缩二次曲线的一条弦的两端的切线的交点(设两切线相交)必在这弦的共轭直径上(图 9.17).

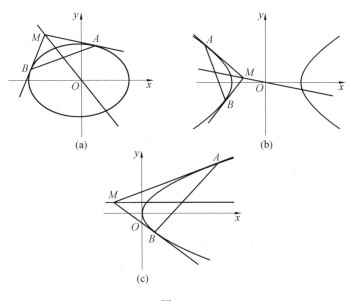

图 9.17

证明　以椭圆为例,设弦 AB 所在割线的方程为

$$y = kx + m \qquad (9.65)$$

点 A,B 的切线的交点为 $M(x_0, y_0)$,那么,M 关于椭圆的切点弦 AB 的方程为

$$\frac{x_0 x}{a^2} + \frac{y_0 y}{b^2} = 1 \qquad (9.66)$$

由于(9.65)和(9.66)表示同一直线,所以它们有相同的斜率,从而有

$$y_0 = -\frac{b^2}{a^2 k} x_0 \qquad (9.67)$$

(9.67)表明点 $M(x_0, y_0)$ 在直径

$$y = -\frac{b^2}{a^2 k} x \qquad (9.68)$$

上,而(9.68)正是平分弦 AB 的直径.于是对于椭圆来说定理被证明.

双曲线和抛物线的情形请读者自己证明.

定理 9.21(椭圆或双曲线的第一阿波罗纽斯[①]定理)　如图 9.18(a),设 POP' 和 QOQ' 是椭圆的两条共轭直径,通过这两条直径与椭圆的四个交点 P, P',Q,Q' 引椭圆的切线,则这四条切线围成的四边形是面积为定值的平行四边

———————————

① 　阿波罗纽斯(Apollonius,约公元前 262—190),希腊几何学家,以研究圆锥曲线著名.

形. 如图 9.18(b),设 POP' 和 QOQ' 是双曲线的两条共轭直径,与双曲线及其共轭双曲线各相交于点 P,P',Q,Q',通过这些点各引所在双曲线的切线,则这四条切线围成的四边形是面积为定值的平行四边形.

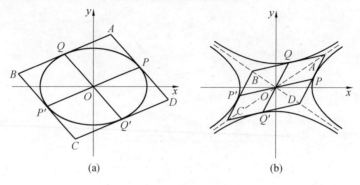

图 9.18

证明 以椭圆为例. 设椭圆的方程为

$$\frac{x^2}{a^2} + \frac{y^2}{b^2} = 1$$

点 P 的坐标为 $(a\cos\varphi, b\sin\varphi)$,其中 φ 是点 P 的离心角,则直径 POP' 的斜率为 $\dfrac{b\sin\varphi}{a\cos\varphi}$. 由于直径 QOQ' 与 POP' 共轭,这就知道直径 QOQ' 的斜率为 $-\dfrac{b\cos\varphi}{a\sin\varphi}$. 由 QOQ' 的方程和椭圆的方程可以求出点 Q 的坐标为 $(-a\sin\varphi, b\cos\varphi)$.

由于点 P,P' 处的切线平行于 QOQ',点 Q,Q' 处的切线平行于 POP',所以这四条切线围成的四边形 $ABCD$ 是平行四边形,于是这个平行四边形的面积为

$$8S_{\triangle OPQ} = 8 \cdot \frac{1}{2} \mid a\cos\varphi \cdot b\cos\varphi - b\sin\varphi \cdot (-a\sin\varphi) \mid =$$

$4ab =$ 以长短轴为边的矩形的面积

这是个定值.

双曲线的情形请读者自己证明.

定理 9.22(椭圆或双曲线的第二阿波罗纽斯定理) 在定理 9.21 的已知条件下,对椭圆来说, $\mid POP' \mid^2$ 与 $\mid QOQ' \mid^2$ 的和是一个定值;对双曲线来说, $\mid POP' \mid^2$ 与 $\mid QOQ' \mid^2$ 的差是一个定值.

证明 以椭圆为例,由上一定理的证明可知

$$\mid POP' \mid^2 = 4 \mid OP \mid^2 = 4(a^2\cos^2\varphi + b^2\sin^2\varphi)$$
$$\mid QOQ' \mid^2 = 4 \mid OQ \mid^2 = 4(a^2\sin^2\varphi + b^2\cos^2\varphi)$$

46

所以
$$| POP' |^2 + | QOQ' |^2 = 4(a^2 + b^2) = (2a)^2 + (2b)^2$$
即等于长轴与短轴的平方和,这是个定值.

双曲线的情形请读者自己证明.

9.13.6　牛顿关于代数曲线的直径的一般理论

牛顿在笛卡儿之后,第一个把解析几何向前推进了一步.在 1704 年他讨论了平面三次曲线.在这项工作中,牛顿得出了关于代数曲线的直径的一般理论.

设给了一条 n 次代数曲线 C,为讨论曲线 C 的直径,须考虑与曲线 C 有 n 个交点(实或虚,彼此不重合或有的重合)的一组平行割线.每条割线上的 n 个交点各有一个重心(见 1.6.2 的例 2).

以下证明每条割线上 n 个交点的重心的轨迹是一条直线.为此,这样来选取直角坐标系:使 x 轴与这组割线平行.于是这组平行割线的方程为 $y = l$,这里 l 为参数,它是随割线的不同而不同的实数.设 $F(x, y) = 0$ 是曲线 C 在选取的这个坐标系中的方程,那么 $F(x, y) = 0$ 仍然是 n 次的.为了求曲线 $F(x, y) = 0$ 和割线 $y = l$ 的交点坐标,要解由这两个方程组成的方程组.从这两个方程消去 y 后,就得到一个 x 的方程 $F(x, l) = 0$.因为割线与曲线 C 有 n 个交点,这 n 个交点有 n 个横坐标,所以 $F(x, l) = 0$ 必是 x 的 n 次方程.由 n 次方程根与系数的关系,它的 n 个根的和 $x_1 + x_2 + \cdots + x_n$ 等于方程 $F(x, l) = 0$ 的 $n-1$ 次项的系数的相反数除以 n 次项的系数所得的商.但 $F(x, y) = 0$ 的每一项的次数小于或等于 n,所以 $F(x, y) = 0$ 中含有 x^n 的项不会含有 y,因而具有形状 $Ax^n (A \neq 0)$,而含有 x^{n-1} 的项即使含有 y 也不会高于一次,即具有形状 $(By + D)x^{n-1}$(不排除 B, D 之一或同时为 0 的情形),因此在 $F(x, l) = 0$ 中 x^{n-1} 项的系数为 $Bl + D$,于是 $x_1 + x_2 + \cdots + x_n = -\dfrac{Bl + D}{A}$.这样,一条割线上 n 个交点的重心的横坐标

$$x = -\frac{Bl + C}{nA}$$

由于割线平行于 x 轴,因此对于一条割线上的 n 个交点来说,纵坐标都为 l,所以这 n 个交点的重心的纵坐标 $y = l$.这就得到各割线上 n 个交点的重心轨迹的参数方程

$$\begin{cases} x = -\dfrac{Bl + D}{nA} \\ y = l \end{cases} \quad (l \text{ 为参数})$$

消去参数 l,便得轨迹的普通方程

$$x = -\frac{By + D}{nA}$$

即

$$nAx + By + D = 0 \quad (A \neq 0)$$

这就证明了各割线上交点的重心的轨迹是一条直线,如图 9.19 所示.

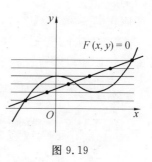

图 9.19

这条直线叫作 n 次曲线的共轭于该组平行割线的直径.

例 1 已知二次曲线 $5x^2 + 6xy + 5y^2 - 16x - 16y + 8 = 0$,求共轭于斜率为 $\frac{1}{2}$ 的一组平行割线的直径的方程.

解 这里 $A = 5, B = 3, C = 5, D = -8, E = -8, k = \frac{1}{2}$,由定理 9.11 的推论可知,所求直径的方程为

$$(5x + 3y - 8) + \frac{1}{2}(3x + 5y - 8) = 0$$

即

$$13x + 11y - 24 = 0$$

例 2 已知中心型二次曲线 $x^2 - 3xy + y^2 + 10x - 10y + 21 = 0$,求它的直径 $x - y + 4 = 0$ 的共轭直径的方程.

解 这里 $A = 1, B = -\frac{3}{2}, C = 1$,二次曲线的已知直径的斜率为 1,设这直径的共轭直径的斜率为 k,由定理 9.16 可知

$$1 - \frac{3}{2}(1 + k) + 1 \cdot 1 \cdot k = 0$$

所以

$$k = -1$$

又已知中心型二次曲线的中心容易求得为 $(-2, 2)$,所以已知直径的共轭直径的方程为

$$y - 2 = -(x + 2)$$

即

$$x + y = 0$$

例 3 椭圆的两条共轭直径被这椭圆截得的弦如果相等,那么,这两条直

径叫作椭圆的等共轭直径. 如果椭圆的两条直径是等共轭直径,求证:这椭圆或者是圆,或者其中一条直径与椭圆的交点的离心角为 $\dfrac{\pi}{4}$ 或 $\dfrac{3\pi}{4}$.

证明 设椭圆的方程为 $\dfrac{x^2}{a^2}+\dfrac{y^2}{b^2}=1$,等共轭直径的一条直径与椭圆的交点之一为 $P(a\cos\varphi,b\sin\varphi)$,它的共轭直径与椭圆的交点之一容易求得为 $Q(-a\sin\varphi,b\cos\varphi)$. 由于它们是等共轭直径,所以有 $|OP|=|OQ|$,这就得

$$a^2\cos^2\varphi+b^2\sin^2\varphi=a^2\sin^2\varphi+b^2\cos^2\varphi$$

即

$$(a^2-b^2)(\cos^2\varphi-\sin^2\varphi)=0$$

于是有

$$a^2-b^2=0 \quad 或 \quad \cos^2\varphi-\sin^2\varphi=0$$

即

$$a=b \quad 或 \quad \tan^2\varphi=1$$

当 $a=b$ 时,椭圆即为圆.

当 $\tan^2\varphi=1$ 时,则 $\varphi=\dfrac{\pi}{4}$ 或 $\dfrac{3\pi}{4}$.

49

例 4 如图 9.20,MON 和 ROT 是椭圆 $\dfrac{x^2}{a^2}+\dfrac{y^2}{b^2}=1$ 的一对共轭直径,$|OM|=a'$,$|OR|=b'$,$\angle MOR=\varphi$,求证

$$\sin\varphi=\dfrac{ab}{a'b'}$$

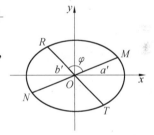

图 9.20

证明 设直径 MON 的点 M 的坐标为 $(x_1,y_1)(x_1>0,y_1>0)$,那么,直径 MON 的斜率 $k=\dfrac{y_1}{x_1}$.

它的共轭直径 ROT 的斜率 $k'=-\dfrac{b^2x_1}{a^2y_1}$,从而直径 ROT 的方程为

$$y=-\dfrac{b^2x_1}{a^2y_1}x$$

为了求端点 R,T 的坐标,解方程组

$$\begin{cases} y = -\dfrac{b^2 x_1}{a^2 y_1}x \\[2mm] \dfrac{x^2}{a^2} + \dfrac{y^2}{b^2} = 1 \end{cases}$$

得

$$x = \pm \frac{a}{b}y_1, \quad y = \mp \frac{b}{a}x_1$$

于是端点 R 的坐标应取 $\left(-\dfrac{a}{b}y_1, \dfrac{b}{a}x_1\right)$.

设 OM 和 OR 的倾斜角分别为 α 和 α',则

$$\sin \alpha = \frac{y_1}{a'}, \cos \alpha = \frac{x_1}{a'}, \sin \alpha' = \frac{bx_1}{ab'}, \cos \alpha' = -\frac{ay_1}{bb'}$$

因为 $\varphi = \alpha' - \alpha$,所以

$$\sin \varphi = \sin(\alpha' - \alpha) = \sin \alpha' \cos \alpha - \cos \alpha' \sin \alpha =$$

$$\frac{bx_1}{ab'} \cdot \frac{x_1}{a'} + \frac{ay_1}{bb'} \cdot \frac{y_1}{a'} =$$

$$\frac{b^2 x_1^2 + a^2 y_1^2}{aba'b'} = \frac{a^2 b^2}{aba'b'} = \frac{ab}{a'b'}$$

当 MON 和 ROT 为两轴时,结论也成立.

例 5 已知三次曲线 $x^3 + y^3 - xy = 0$,一组平行割线的斜率为 1,求这组平行割线的共轭直径的方程.

解 设斜率为 1 的平行割线的方程为

$$y = x + l \quad (l \text{ 为参数})$$

从方程组

$$\begin{cases} x^3 + y^3 - xy = 0 \\ y = x + l \end{cases}$$

消去 y 得 x 的三次方程

$$2x^3 + (3l - 1)x^2 + (3l^2 - l)x + l^3 = 0$$

设它的三个根为 x_1, x_2, x_3,则直径上的点的横坐标

$$x = \frac{x_1 + x_2 + x_3}{3} = \frac{1 - 3l}{6}$$

纵坐标

$$y = \frac{1}{6}(1 - 3l) + l = \frac{1 + 3l}{6}$$

所以直径的参数方程为

$$\begin{cases} x = \dfrac{1-3l}{6} \\ y = \dfrac{1+3l}{6} \end{cases} \quad (l\text{ 为参数})$$

直径的普通方程为

$$3x + 3y - 1 = 0$$

9.14 两种著名的三次曲线

三次曲线比二次曲线要复杂得多. 二次曲线只有 9 种,而三次曲线有 78 种,在这一节我们将讨论其中著名的两种.

9.14.1 戴奥克列斯①蔓叶线

1.蔓叶线的定义

定义 如图 9.21,O 为定圆上的一个定点,直线 l 为与以 O 为端点并且通过圆心的射线垂直相交的一条定直线(l 和定圆可以相离、相切或相交),通过定点 O 作直线和这定圆又相交于点 A,和这定直线 l 相交于点 B,在这直线上取一点 M,令 $|OM| = |AB|$,并且 $\overline{OM}$ 和 $\overline{AB}$ 方向相同,则点 M 的轨迹叫作戴奥克列斯蔓叶线.

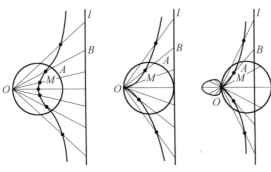

图 9.21

① 戴奥克列斯(Diocles),公元前 2 世纪,希腊数学家.

由于 l 和定圆的相关位置(相离、相切、相交)不同,所以蔓叶线呈现三种不同的形状,其中第二种情形叫作歧点蔓叶线. 以下我们只讨论最重要的歧点蔓叶线.

2. 歧点蔓叶线的方程

如图 9.22 建立直角坐标系. 设定圆的直径为 $2r$,动点 M 的直角坐标为 (x, y). 取 $\angle xOA = \theta$ 为参数. 作 MN 垂直 x 轴于点 N,作 AC 垂直直线 l 于点 C,则

$$x = ON = AC = |AB| \cos \theta =$$
$$(|OB| - |OA|) \cos \theta =$$
$$(2r\sec \theta - 2r\cos \theta) \cos \theta =$$
$$2r\sin^2 \theta$$
$$y = NM = CB = |AB| \sin \theta =$$
$$(|OB| - |OA|) \sin \theta =$$
$$(2r\sec \theta - 2r\cos \theta) \sin \theta =$$
$$2r\sin^2 \theta \tan \theta$$

所以歧点蔓叶线的参数方程为

$$\begin{cases} x = 2r\sin^2 \theta \\ y = 2r\sin^2 \theta \tan \theta \end{cases} \quad (\theta \text{ 为参数})$$

从参数方程消去参数 θ 就得到曲线的普通方程. 由参数方程的第二个方程得

$$y^2 = 4r^2 \sin^4 \theta \cdot \frac{\sin^2 \theta}{\cos^2 \theta} = \frac{4r^2 \sin^6 \theta}{1 - \sin^2 \theta}$$

用 $\sin^2 \theta = \dfrac{x}{2r}$ 代入上式得

$$y^2 = \frac{4r^2 \left(\dfrac{x}{2r}\right)^3}{1 - \dfrac{x}{2r}}$$

即

$$x^3 + xy^2 - 2ry^2 = 0$$

这即是歧点蔓叶线的普通直角坐标方程.

所以歧点蔓叶线是三次曲线.

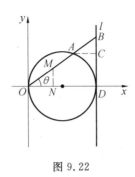

图 9.22

3. 利用歧点蔓叶线解"立方倍积问题"①

戴奥克列斯利用歧点蔓叶线解决了"立方倍积问题".

如图 9.23,通过定圆的中心 C 作直径 OA 的垂线,在这垂线上取一点 B,使 $|CB|=|OA|=2r$. 联结线段 AB,AB 和歧点蔓叶线相交于点 M,作 $MN \perp OA$ 于点 N,则

53

$$|MN|^3 = 2|ON|^3$$

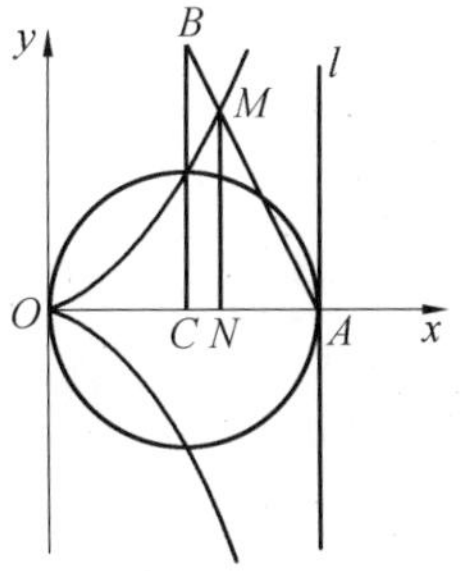

图 9.23

事实上,因 M 在歧点蔓叶线上,所以由歧点蔓叶线的直角坐标方程得

$$|MN|^2 = y^2 = \frac{x^3}{2r - x} = \frac{|ON|^3}{|NA|} \tag{9.69}$$

而

$$|MN|:|NA| = |BC|:|CA| = 2:1$$

———————————

① 立方倍积问题(倍立方体问题)是如下的几何作图:已知一个立方体,作一个立方体,使它的体积等于已知立方体的体积的两倍. 换句话说,就是已知线段 a,作一线段 x,使 $x^3 = 2a^3$.

所以

$$| NA | = \frac{1}{2} | MN | \qquad (9.70)$$

把(9.70)代入(9.69),得

$$| MN |^2 = \frac{| ON |^3}{\frac{1}{2} | MN |}$$

这就得

$$| MN |^3 = 2 | ON |^3$$

利用 MN, ON 的关系,就不难解决立方倍积问题了.

9.14.2 笛卡儿叶形线

54

1.定义及方程

定义 三次方程

$$x^3 + y^3 - 3axy = 0 \quad (a > 0) \qquad (9.71)$$

所表示的曲线叫作笛卡儿叶形线(也叫作柳叶线).

令 $y = tx$,由(9.71)得到叶形线的参数方程

$$\begin{cases} x = \dfrac{3at}{1+t^3} \\ y = \dfrac{3at^2}{1+t^3} \end{cases} \quad (t \text{ 为参数}) \qquad (9.72)$$

2.叶形线的基本性质

(1) 截距

横、纵截距都是 0,曲线通过原点.

(2) 对称性

关于 x 轴、y 轴、原点都不对称,关于直线 $y = x$ 对称,与 $y = x$ 相交于原点 O 和点 $M\left(\dfrac{3}{2}a, \dfrac{3}{2}a\right)$.

（3）范围

位于第一、二、四象限,向左右、上下无限伸展.

（4）渐近线

叶形线(9.71)有一条渐近线

$$x + y + a = 0$$

证明　如图 9.24,把坐标轴旋转 $\dfrac{\pi}{4}$,则叶形线

(9.71) 在新坐标系 $Ox'y'$ 中的方程为

$$\sqrt{2}\,x'^3 + 3\sqrt{2}\,x'y'^2 - 3ax'^2 + 3ay'^2 = 0$$

由此得

$$y'^2 = \frac{-\sqrt{2}\,x'^3 + 3ax'^2}{3\sqrt{2}\,x' + 3a}$$

可见 $3\sqrt{2}\,x' + 3a = 0$,即 $x' = -\dfrac{\sqrt{2}}{2}a$ 是叶形线(9.71)

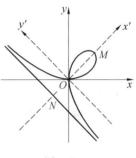

图 9.24

的渐近线在新坐标系 $Ox'y'$ 中的方程,它在旧坐标系中的方程为 $x + y + a = 0$.

叶形线(9.71)的形状如图 9.24 所示.

9.15　几种旋轮线与圆的渐伸线

9.15.1　普通旋轮线

1.普通旋轮线的定义

定义　如图9.25,平面上一个大小一定的圆在一条定直线的一侧沿这直线滚动(不许滑动) 时,这圆上的一个定点的轨迹叫作普通旋轮线(简称旋轮线),或叫作圆摆线(简称摆线).

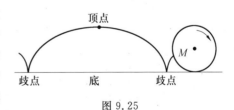

图 9.25

定直线叫作旋轮线的准线.滚动的圆叫作旋轮线的母圆.旋轮线的位于准线上的每个点都叫作旋轮线的歧点(尖点).旋轮线相邻两歧点之间的一段弧叫

55

作旋轮线的一段拱.准线上两相邻歧点间的线段叫作拱的底.底的垂直平分线与拱的交点叫作这拱的顶点.

2. 旋轮线的方程

如图 9.26,设母圆 C 的半径为 r,M 是它上面的一个定点. 这样来建立直角坐标系:以准线为 x 轴,以一个歧点 O 为原点,旋轮线位于 y 轴的正方向一侧. 取母圆的半径 CM 与通过切点 B 的半径 CB 之间的角 $\angle MCB = \varphi$(弧度)为参数,这样,当圆 C 上的点 M 重合于 O 时,如果它向右转动,就得到 φ 的正值;向左转动,就得到 φ 的负值. 从 M 作 $MA \perp x$ 轴于点 A,作通过切点 B 的半径 CB,作 $MN \perp CB$ 于点 N,则

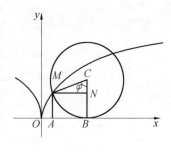

图 9.26

$$x = OA = OB - AB = \overset{\frown}{MB} - MN$$
$$= r\varphi - r\sin \varphi = r(\varphi - \sin \varphi)$$
$$y = AM = BC - NC = r - r\cos \varphi$$
$$= r(1 - \cos \varphi)$$

于是我们得到以下的定理.

定理 9.23 在直角坐标系中,一个在 x 轴上侧与 x 轴相切于点 B、半径为 r 的圆 C 上有一定点 M,这圆沿 x 轴滚动,开始时 M 重合于原点,取这圆滚动的角度 $\angle MCB = \varphi$(弧度)为参数,则由 M 产生的旋轮线的参数方程为

$$\begin{cases} x = r(\varphi - \sin \varphi) \\ y = r(1 - \cos \varphi) \end{cases} \quad (\varphi \text{ 为参数})$$

3. 旋轮线的切线和法线

设 $M(x_0, y_0)$ 是旋轮线

$$\begin{cases} x = r(\varphi - \sin \varphi) \\ y = r(1 - \cos \varphi) \end{cases}$$

上一点,对应于这点的参数 φ 的值为 φ_0,即以下的等式成立

$$\begin{cases} x_0 = r(\varphi_0 - \sin \varphi_0) \end{cases} \tag{9.73}$$
$$\begin{cases} y_0 = r(1 - \cos \varphi_0) \end{cases} \tag{9.74}$$

56

在旋轮线上点 M 的附近另取一点 $N(x_0+\Delta x, y_0+\Delta y)$，对应于这点的参数 φ 的值为 $\varphi_0+\Delta\varphi$，即以下的等式成立

$$\begin{cases} x_0+\Delta x = r[(\varphi_0+\Delta\varphi)-\sin(\varphi_0+\Delta\varphi)] & (9.75) \\ y_0+\Delta y = r[1-\cos(\varphi_0+\Delta\varphi)] & (9.76) \end{cases}$$

把 (9.73) 和 (9.75)，(9.74) 和 (9.76) 左右各相减，得

$$\Delta x = r[\Delta\varphi+\sin\varphi_0-\sin(\varphi_0+\Delta\varphi)]$$

$$\Delta y = r[\cos\varphi_0-\cos(\varphi_0+\Delta\varphi)]$$

所以割线 MN 的斜率为

$$\frac{\Delta y}{\Delta x}=\frac{r[\cos\varphi_0-\cos(\varphi_0+\Delta\varphi)]}{r[\Delta\varphi+\sin\varphi_0-\sin(\varphi_0+\Delta\varphi)]}$$

所以旋轮线在点 M 的切线的斜率为

$$\lim_{\substack{\Delta x\to0\\ \Delta y\to0}}\frac{\Delta y}{\Delta x}=\lim_{\Delta\varphi\to0}\frac{r[\cos\varphi_0-\cos(\varphi_0+\Delta\varphi)]}{r[\Delta\varphi+\sin\varphi_0-\sin(\varphi_0+\Delta\varphi)]}$$

$$=\lim_{\Delta\varphi\to0}\frac{2\sin\left(\varphi_0+\dfrac{\Delta\varphi}{2}\right)\sin\dfrac{\Delta\varphi}{2}}{\Delta\varphi-2\cos\left(\varphi_0+\dfrac{\Delta\varphi}{2}\right)\sin\dfrac{\Delta\varphi}{2}}$$

$$=\lim_{\Delta\varphi\to0}\frac{2\sin\left(\varphi_0+\dfrac{\Delta\varphi}{2}\right)\cdot\dfrac{\sin\dfrac{\Delta\varphi}{2}}{\dfrac{\Delta\varphi}{2}}}{2-2\cos\left(\varphi_0+\dfrac{\Delta\varphi}{2}\right)\cdot\dfrac{\sin\dfrac{\Delta\varphi}{2}}{\dfrac{\Delta\varphi}{2}}}$$

$$=\frac{\sin\varphi_0}{1-\cos\varphi_0}=\cot\frac{\varphi_0}{2}\cdot\left(\lim_{\Delta\varphi\to0}\frac{\sin\dfrac{\Delta\varphi}{2}}{\dfrac{\Delta\varphi}{2}}=1\right)$$

57

这就得到以下的定理.

定理 9.24　若旋轮线

$$\begin{cases} x=r(\varphi-\sin\varphi) \\ y=r(1-\cos\varphi) \end{cases}$$

上一点 $M(x_0,y_0)$ 对应的参数 φ 的值为 φ_0，则点 M 的切线的斜率为 $\cot\dfrac{\varphi_0}{2}$.

用定理 9.24 可以求得旋轮线上任意一点的切线与法线的方程.

例1 如图9.27,平面上一个大小一定的圆在一条定直线的一侧沿这条直线滚动(不许滑动)时,这个圆的一条定半径上或这半径向外的延长线上的一个定点的轨迹分别叫作短辐旋轮线和长辐旋轮线.定直线叫作长、短辐旋轮线的准线.滚动的圆叫作长、短辐旋轮线的母圆.设母圆的圆心为 C,半径为 r,定点 M 在一条定半径 CP 上或 CP 的延长线上,并且 $|CM|=a(a<r$ 或 $a>r)$.如图9.27,取准线为 x 轴建立直角坐标系.母圆未滚动之前,半径 CP 的端点 P 在原点,仍取母圆滚动的角 $\angle PCB=\varphi$(弧度)为参数,求长、短辐旋轮线的参数方程.

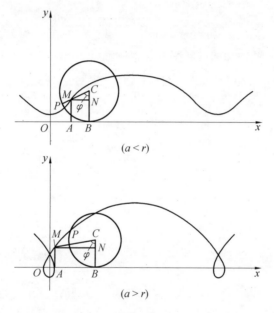

$(a<r)$

$(a>r)$

图 9.27

解 如图添加辅助线,则动点 M 的坐标

$$x=OA=OB-AB=\overset{\frown}{PB}-MN=r\varphi-a\sin\varphi$$
$$y=AM=BN=BC-NC=r-a\cos\varphi$$

所以长、短辐旋轮线的参数方程为

$$\begin{cases} x=r\varphi-a\sin\varphi \\ y=r-a\cos\varphi \end{cases} \quad (\varphi \text{ 为参数})$$

当 $a<r$ 时,它是短辐旋轮线的参数方程;当 $a>r$ 时,它是长辐旋轮线的参数方程.

例 2　设旋轮线的母圆和一拱的度相切于点 B，B 的对径点为 A. 求证：这拱上的任一点的切线与法线分别通过点 A 和 B（图 9.28）.

证明　显然关于切线与法线的两个结论中的一个被证明了，那么，另一个也就随之证明了. 例如证明切线通过点 A.

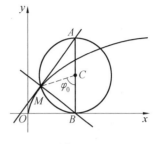

图 9.28

如图 9.28，设点 M 对应的参数的值为 φ_0，则点 M 的切线的方程为

$$y - r(1 - \cos \varphi_0) = \cot \frac{\varphi_0}{2}\left[x - r(\varphi_0 - \sin \varphi_0)\right]$$

点 A 的横坐标 $OB = \overset{\frown}{BM} = r\varphi_0$，纵坐标显然为 $2r$. 容易验证 $A(r\varphi_0, 2r)$ 在点 M 的切线上（要用到半角公式 $\cot \dfrac{\varphi}{2} = \dfrac{1 + \cos \varphi}{\sin \varphi}$）.

9.15.2　圆内旋轮线

1. 圆内旋轮线的定义

定义　如图 9.29，一个半径等于定长的圆内切于一个定圆并且沿这个定圆滚动（不许滑动），滚动的圆上的一个定点的轨迹叫作圆内旋轮线（简称内旋轮线），或叫作圆内摆线（简称内摆线）.

定圆叫作圆内旋轮线的准线，滚动的圆叫作圆内旋轮线的母圆.

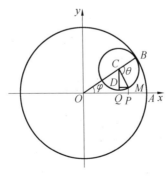

图 9.29

2. 圆内旋轮线的方程

设准线为圆 (O,R)，母圆的半径为 $r(r < R)$，M 是母圆上的定点. 如图 9.29，取 O 为原点建立直角坐标系，准线圆 O 和 x 轴的正半轴相交于点 A，母圆未滚动之前定点 M 重合于 A. 现在令母圆沿准线圆按逆时针方向动到某一位置，母圆圆心为 C，与准线圆相切于点 B，则 O,B,C 共线. 设 $\angle AOB = \varphi$(弧度)，$\angle MCB = \theta$(弧度). 由于 $\overset{\frown}{MB}$ 与 $\overset{\frown}{AB}$ 等长，所以有 $r\theta = R\varphi$，这就得 $\theta = \dfrac{R\varphi}{r}$.

作 MP,CQ 各垂直 x 轴于点 P,Q，作 MD 垂直 CQ 于点 D，则

$$\angle DCM = \angle QCB - \angle MCB$$

$$= \left(\frac{\pi}{2} + \varphi\right) - \frac{R\varphi}{r}$$

$$= \frac{\pi}{2} - \frac{(R-r)\varphi}{r}$$

所以点 M 的横坐标

$$x = OP = OQ + QP$$

$$= OQ + DM$$

$$= |OC|\cos\varphi + |CM|\sin\angle DCM$$

$$= (R-r)\cos\varphi + r\sin\left[\frac{\pi}{2} - \frac{(R-r)\varphi}{r}\right]$$

$$= (R-r)\cos\varphi + r\cos\frac{(R-r)\varphi}{r}$$

点 M 的纵坐标

$$y = PM = QD = QC - DM$$

$$= |OC|\sin\varphi - |CM|\cos\angle DCM$$

$$= (R-r)\sin\varphi - r\cos\left[\frac{\pi}{2} - \frac{(R-r)\varphi}{r}\right]$$

$$= (R-r)\sin\varphi - r\sin\frac{(R-r)\varphi}{r}$$

于是得到以下定理.

定理 9.25 在直角坐标系中，一个以原点 O 为圆心，半径为定长 R 的定圆与 x 轴的正半轴相交于点 A. 一个半径为定长 $r(r < R)$ 的圆 C 上有一定点 M，这个圆在圆 (O,R) 内沿这圆按逆时针方向滚动，切点为 B，开始滚动时 M 重合

于 A，取这个圆滚动的角度 $\sphericalangle AOB = \varphi$（弧度）为参数，则由 M 产生的圆内旋轮线的参数方程为

$$
\begin{cases}
x = (R-r)\cos\varphi + r\cos\dfrac{(R-r)\varphi}{r} \\[3mm]
y = (R-r)\sin\varphi - r\sin\dfrac{(R-r)\varphi}{r}
\end{cases}
\quad (\varphi \geqslant 0 \text{ 为参数})
$$

3. 圆内旋轮线的两种特殊情形

（1）当 $R = 2r$ 时，圆内旋轮线是准线圆的一条直径（卡尔当[①]定理）. 因为这时圆内旋轮线的参数方程为

$$
\begin{cases}
x = (2r-r)\cos\varphi + r\cos\varphi = 2r\cos\varphi = R\cos\varphi & (9.77) \\
y = (2r-r)\sin\varphi - r\sin\varphi = r\sin\varphi - r\sin\varphi = 0 & (9.78)
\end{cases}
$$

其中 φ 为参数. 从（9.78）来看，曲线上的点都位于 x 轴上；从（9.77）来看，由于 $-R \leqslant R\cos\varphi \leqslant R$，所以

$$
-R \leqslant x \leqslant R
$$

61

所以曲线上的点左、右不超过点 $(-R,0)$ 和 $(R,0)$；所以这时圆内旋轮线是准线圆的一条直径（包括两端，见图 9.30）.

（2）当 $R = 4r$ 时，圆内旋轮线是四歧圆内旋轮线，也叫作星形线（图 9.31）.

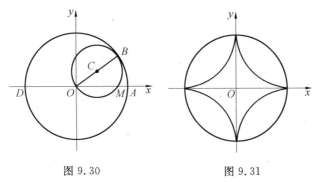

图 9.30　　　　　　图 9.31

星形线的参数方程为

$$
\begin{cases}
x = r(3\cos\varphi + \cos 3\varphi) \\
y = r(3\sin\varphi - \sin 3\varphi)
\end{cases}
$$

---

① 卡尔当（G. Cardano，1501—1576），意大利数学家、物理学家.

它的参数方程还可以更简单一些. 应用三角学中的三倍角公式($\cos 3\varphi = 4\cos^3 \varphi - 3\cos \varphi, \sin 3\varphi = 3\sin \varphi - 4\sin^3 \varphi$), 星形的参数方程又可写为

$$\begin{cases} x = 4r\cos^3 \varphi \\ y = 4r\sin^3 \varphi \end{cases} \quad 即 \quad \begin{cases} x = R\cos^3 \varphi \\ y = R\sin^3 \varphi \end{cases}$$

把参数方程两端各开立方, 然后两端平方、相加, 便得星形线的普通方程

$$x^{\frac{2}{3}} + y^{\frac{2}{3}} = R^{\frac{2}{3}}$$

定理 9.26 在直角坐标系 Oxy 中, 若准线圆为 (O, R), 并且 x 轴通过星形线的两个相对歧点, 则星形线的参数方程为

$$\begin{cases} x = R\cos^3 \varphi \\ y = R\sin^3 \varphi \end{cases} \quad (0 \leqslant \varphi < 2\pi \text{ 为参数})$$

它的普通直角坐标方程为

$$x^{\frac{2}{3}} + y^{\frac{2}{3}} = R^{\frac{2}{3}}$$

以下考虑星形线的切线问题.

设 $M(x_0, y_0)$ 是星形线

$$\begin{cases} x = R\cos^3 \varphi \\ y = R\sin^3 \varphi \end{cases}$$

上的一个已知点, 在曲线上点 M 的附近另取一点 $N(x_0 + \Delta x, y_0 + \Delta y)$, 这两点对应的参数值分别为 φ_0 和 $\varphi_0 + \Delta \varphi$, 则以下的等式成立

$$\begin{cases} x_0 = R\cos^3 \varphi_0 & \text{(9.79)} \\ y_0 = R\sin^3 \varphi_0 & \text{(9.80)} \end{cases}$$

$$\begin{cases} x_0 + \Delta x = R\cos^3 (\varphi_0 + \Delta \varphi) & \text{(9.81)} \\ y_0 + \Delta y = R\sin^3 (\varphi_0 + \Delta \varphi) & \text{(9.82)} \end{cases}$$

由 (9.79) 和 (9.81) 得

$$\begin{aligned} \Delta x &= R[\cos^3 (\varphi_0 + \Delta \varphi) - \cos^3 \varphi_0] \\ &= R[\cos(\varphi_0 + \Delta \varphi) - \cos \varphi_0][\cos^2 (\varphi_0 + \Delta \varphi) + \\ &\quad \cos(\varphi_0 + \Delta \varphi)\cos \varphi_0 + \cos^2 \varphi_0] \\ &= -2R\sin \frac{1}{2}(2\varphi_0 + \Delta \varphi)\sin \frac{1}{2} \cdot \Delta \varphi [\cos^2 (\varphi_0 + \Delta \varphi) + \\ &\quad \cos(\varphi_0 + \Delta \varphi)\cos \varphi_0 + \cos^2 \varphi_0] \end{aligned}$$

同样由 (9.80) 和 (9.82) 得

$$\Delta y = 2R\cos \frac{1}{2}(2\varphi_0 + \Delta \varphi)\sin \frac{1}{2} \cdot \Delta \varphi [\sin^2 (\varphi_0 + \Delta \varphi) +$$

$$\sin(\varphi_0 + \Delta\varphi)\sin\varphi_0 + \sin^2\varphi_0]$$

所以割线 MN 的斜率

$$\frac{\Delta y}{\Delta x} = \frac{\cos\frac{1}{2}(2\varphi_0 + \Delta\varphi)\left[\sin^2(\varphi_0 + \Delta\varphi) + \sin(\varphi_0 + \Delta\varphi)\sin\varphi_0 + \sin^2\varphi_0\right]}{-\sin\frac{1}{2}(2\varphi_0 + \Delta\varphi)\left[\cos^2(\varphi_0 + \Delta\varphi) + \cos(\varphi_0 + \Delta\varphi)\cos\varphi_0 + \cos^2\varphi_0\right]}$$

所以点 M 的切线的斜率为

$$\lim_{\substack{\Delta x \to 0 \\ \Delta y \to 0}}\frac{\Delta y}{\Delta x} = \lim_{\Delta\varphi \to 0}\left[-\cot\frac{1}{2}(2\varphi_0 + \Delta\varphi) \cdot \right.$$

$$\left. \frac{\sin^2(\varphi_0 + \Delta\varphi) + \sin(\varphi_0 + \Delta\varphi)\sin\varphi_0 + \sin^2\varphi_0}{\cos^2(\varphi_0 + \Delta\varphi) + \cos(\varphi_0 + \Delta\varphi)\cos\varphi_0 + \cos^2\varphi_0}\right]$$

$$= -\cot\varphi_0 \cdot \frac{\sin^2\varphi_0 + \sin^2\varphi_0 + \sin^2\varphi_0}{\cos^2\varphi_0 + \cos^2\varphi_0 + \cos^2\varphi_0}$$

$$= -\cot\varphi_0\tan^2\varphi_0 = -\tan\varphi_0$$

定理 9.27　星形线

$$\begin{cases} x = R\cos^3\varphi \\ y = R\sin^3\varphi \end{cases}$$

63

上对应于参数值为 φ_0 的点 $(R\cos^3\varphi_0, R\sin^3\varphi_0)$ 的切线的斜率为 $-\tan\varphi_0$.

例 1　如图 9.32,在坐标轴上作形状不定的矩形 $OABC$,使边 OA 在 x 轴上,边 OC 在 y 轴上,并且它的对角线等于定长 R. 从顶点 B 作对角线 AC 的垂线 BM,求垂足 M 的轨迹.

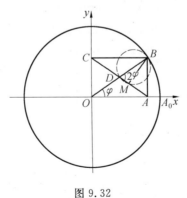

图 9.32

解　作圆 (O, R). 以 DB 为直径作圆,则点 M 在这圆上. 设 $\angle A_0OB = \varphi$,则

$\sphericalangle ADB = 2\varphi^{①}$,所以

$$\widehat{MB} = \frac{1}{2} \mid BD \mid \cdot 4\varphi = 2 \mid BD \mid \cdot \varphi = \mid OB \mid \cdot \varphi = \widehat{A_0 B}$$

(A_0 是圆 (O, R) 与 x 轴的正半轴的交点)

$\widehat{MB} = \widehat{A_0 B}$ 说明 M 的轨迹是半径为 $\dfrac{R}{4}$ 的圆在定圆 (O, R) 内滚动时,它上面

一点 M 的轨迹,所以 M 的轨迹是星形线^{②},准线是圆 (O, R).

例 2 求证:星形线

$$\begin{cases} x = R\cos^3 \varphi \\ y = R\sin^3 \varphi \end{cases}$$

上任意一点的切线夹在两条坐标轴之间的线段等于定长 R.

证明 所给的星形线对应于参数值为 φ_0 的点为 $(R\cos^3 \varphi_0, R\sin^3 \varphi_0)$,则这点的切线斜率为 $-\tan \varphi_0$,所以这点的切线方程为

$$y - R\sin^3 \varphi_0 = -\tan \varphi_0 (x - R\cos^3 \varphi_0)$$

令 $y = 0$,则得切线的横截距

$$x = R\sin^2 \varphi_0 \cos \varphi_0 + R\cos^3 \varphi_0 = R\cos \varphi_0$$

令 $x = 0$,则得切线的纵截距

$$y = R\sin^3 \varphi_0 + R\sin \varphi_0 \cos^2 \varphi_0 = R\sin \varphi_0$$

所以这切线夹在两坐标轴之间的线段的长为

$$\sqrt{R^2\cos^2 \varphi_0 + R^2\sin^2 \varphi_0} = R$$

这就证明了星形线的每点的切线夹在两坐标轴之间的线段为定长 R.

由这个例子可知,设有两垂直直线,一条定长的线段的两端各在这两垂直直线之一上移动,则这种线段包围的曲线为星形线.

9.15.3　圆外旋轮线

1. 圆外旋轮线的定义

定义 如图 9.33,一个半径等于定长的圆外切于一个定圆并且沿这个定

---

① $0 \leqslant \sphericalangle A_0 OB = 2\pi, 0 \leqslant \sphericalangle ADB < 4\pi$.

② 星形线的四个歧点不是 M 的轨迹上的点,而是轨迹的极限点.为了简便把它们纳入轨迹.

圆滚动(不许滑动),滚动的圆上的一个定点的轨迹叫作圆外旋轮线(简称外旋轮线),或叫作圆外摆线(简称外摆线).

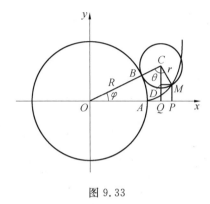

图 9.33

定圆叫作圆外旋轮线的准线,滚动的圆叫作圆外旋轮线的母圆.

2. 圆外旋轮线的方程

设准线圆外圆 (O,R),母圆的半径为 r,M 是母圆上的定点. 如图 9.33,取 O 为原点建立直角坐标系,设准线圆 O 和 x 轴的正半轴相交于点 A,设母圆未滚动之前定点 M 重合于 A,现在令母圆沿准线圆按逆时针方向滚动到某一位置,母圆圆心为 C,与准线圆相切于点 B,则 O,B,C 共线. 设 $\angle AOB = \theta$(弧度),$\angle BCM = \theta$(弧度),由于 $\overparen{BM}$ 与 $\overparen{AB}$ 等长,所以有 $r\theta = R\varphi$,这就得 $\theta = \dfrac{R\varphi}{r}$. 作 MP,CQ 各垂直 x 轴于点 P,Q,作 MD 垂直 CQ 于点 D,则

$$\angle DCM = \angle BCM - \angle OCQ$$
$$= \frac{R\varphi}{r} - \left(\frac{\pi}{2} - \varphi\right)$$
$$= \frac{(R+r)\varphi}{r} - \frac{\pi}{2}$$

所以点 M 的横坐标

$$x = OP = OQ + QP = OQ + DM$$
$$= |OC|\cos\varphi + |CM|\sin\angle DCM$$
$$= (R+r)\cos\varphi + r\sin\left[\frac{(R+r)\varphi}{r} - \frac{\pi}{2}\right]$$
$$= (R+r)\cos\varphi - r\cos\frac{(R+r)\varphi}{r}$$

点 M 的纵坐标

$$
\begin{aligned}
y = PM = QD &= QC - DC \\
&= |\ OC\ |\sin\varphi - |\ CM\ |\cos\angle DCM \\
&= (R+r)\sin\varphi - r\cos\left[\frac{(R+r)\varphi}{r} - \frac{\pi}{2}\right] \\
&= (R+r)\sin\varphi - r\sin\frac{(R+r)\varphi}{r}
\end{aligned}
$$

于是得到以下的定理.

定理 9.28　在直角坐标系中,一个以原点 O 为圆心,半径为定长 R 的定圆与 x 轴的正半轴相交于点 A,一个半径为定长 r 的圆 C 上有一定点 M,这个圆在圆 (O,R) 外沿这圆按逆时针方向滚动,切点为 B,开始滚动时 M 重合于 A,取这个圆滚动的角度 $\angle AOB = \varphi$(弧度)为参数,则由 M 产生的圆外旋轮线的参数方程为

$$
\begin{cases}
x = (R+r)\cos\varphi - r\cos\dfrac{(R+r)\varphi}{r} \\
y = (R+r)\sin\varphi - r\sin\dfrac{(R+r)\varphi}{r}①
\end{cases}
\quad (\varphi \geqslant 0 \text{ 为参数})
$$

3. 圆外旋轮线的一种特殊情形

当 $R = r$ 时,圆外旋轮线为心脏线.

如图 9.34,母圆在滚动之前,母圆上的定点 M 在准线圆 O 上点 A 的位置.设母圆沿准线圆滚动了某一角度,母圆圆心为 C,两圆相切于点 B,联结线段 AM,OC(通过点 B),OA,CM.在四边形 $AOCM$ 中

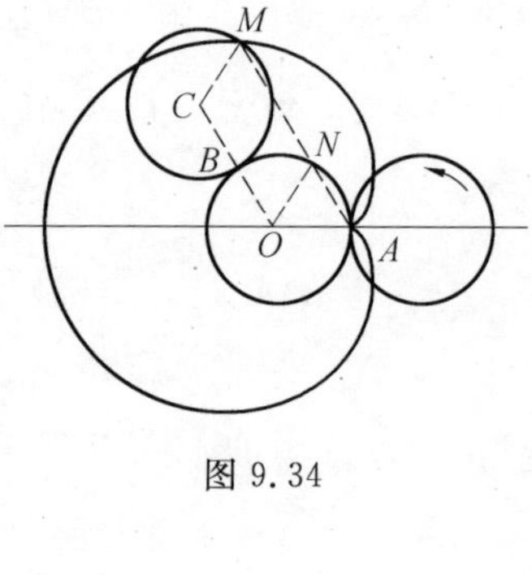

$$|\ OA\ | = |\ CM\ |$$

又

$$\angle AOC = \overparen{AB} = \overparen{BM} = \angle MCO$$

图 9.34

所以四边形 $AOCM$ 是一个等腰梯形.

通过 O 作 CM 的平行线和 AM 相交于点 N,则 $|\ ON\ | = |\ CM\ | = |\ OA\ |$,所

---

①　如果用 $-r$ 代替圆内旋轮线参数方程中的 r,就得到圆外旋轮线的参数方程.

以 N 在圆 O 上,而 $|MN|=|OC|=2R$,由 10.6.2 的定义可知,点 M 的轨迹为心脏线.

9.15.4 圆的渐伸线

1.圆的渐伸线的定义

定义 设想把一条细线(假定它无限长)绕在一个固定的圆上,把细线逐渐伸直,使伸直部分是圆的切线,那么,这条细线的端点的轨迹叫作圆的渐伸线(或叫作圆的切展线).

圆的渐伸线的定义又可叙述如下:当一条直线和一个定圆相切时,把切线上的这个切点作为切线上的一个定点,然后令这直线按一定方向沿圆周转动(总保持相切),那么这直线上的那个定点的轨迹叫作圆的渐伸线.定圆叫作圆的渐伸线的基圆,转动的直线叫作圆的渐伸线的发生线.

2.圆的渐伸线的方程

如图 9.35,设基圆的圆心为 O,半径为 R,取 O 为坐标原点,x 轴的正半轴通过渐伸线的端点 A 建立直角坐标系.设细线逐渐伸直时,它的外端 M 按逆时针方向绕 O 旋转,它的坐标为 (x,y),细线的伸直部分和基圆相切于点 B,联结 OB,取 $\angle AOB=\varphi$(弧度 $\varphi\geqslant 0$)为参数.作

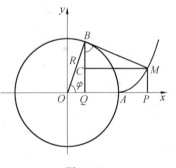

图 9.35

MP,BQ 各垂直 x 轴于点 P,Q,作 MC 垂直 BQ 于点 C,则

$$x=OP=OQ+OP=OQ+CM$$
$$=R\cos\varphi+|BM|\sin\varphi$$
$$=R\cos\varphi+\overset{\frown}{AB}\sin\varphi=R\cos\varphi+R\varphi\sin\varphi$$
$$=R(\cos\varphi+\varphi\sin\varphi)$$
$$y=PM=QC=QB-CB=R\sin\varphi-|BM|\cos\varphi$$
$$=R\sin\varphi-\overset{\frown}{AB}\cos\varphi=R\sin\varphi-R\varphi\cos\varphi$$
$$=R(\sin\varphi-\varphi\cos\varphi)$$

于是得到以下的定理.

定理 9.29　在直角坐标系中,一个以原点 O 为圆心,半径为定长 R 的定圆与 x 轴的正半轴相交于点 A,一无限长细线绕于这定圆上,细线端点 M 重合于 A,逐渐伸直细线,伸直部分与定圆相切,切点为 B,M 按逆时针方向绕定圆旋转,取 $\angle AOB = \varphi$(弧度) 为参数,则由 M 产生的圆的渐伸线的参数方程为

$$\begin{cases} x = R(\cos \varphi + \varphi \sin \varphi) \\ y = R(\sin \varphi - \varphi \cos \varphi) \end{cases} \quad (\varphi \geqslant 0 \text{ 为参数})$$

3. 圆的渐伸线和圆外旋轮线的关系

圆的渐伸线是圆外旋轮线与母圆相切的圆的半径无限增大时的极限情形.
证明如下:由圆外旋轮线的方程得

$$x = R\cos \varphi + r\left(\cos \varphi - \cos \frac{R+r}{r}\varphi\right)$$

$$= R\cos \varphi - 2r\sin \frac{R+2r}{2r}\varphi \sin \frac{-R}{2r}\varphi$$

$$= R\cos \varphi + R\varphi \sin \frac{R+2r}{2r}\varphi \cdot \frac{\sin \frac{R}{2r}\varphi}{\frac{R}{2r}\varphi}$$

同样

$$y = R\sin \varphi - R\varphi \cos \frac{R+2r}{2r}\varphi \cdot \frac{\sin \frac{R}{2r}\varphi}{\frac{R}{2r}\varphi}$$

令 $r \to +\infty$,则

$$\frac{R+2r}{2r}\varphi = \frac{\frac{r}{2R}+1}{1}\varphi \to \varphi, \quad \frac{\sin \frac{R}{2r}\varphi}{\frac{R}{2r}\varphi} \to 1$$

所以当 $r \to +\infty$ 时

$$x = R\cos \varphi + R\varphi \sin \frac{R+2r}{2r}\varphi \cdot \frac{\sin \frac{R}{2r}\varphi}{\frac{R}{2r}\varphi}$$

$$\to R\cos \varphi + R\varphi \sin \varphi = R(\cos \varphi + \varphi \sin \varphi)$$

68

$$y = R\sin\varphi - R\varphi\cos\frac{R+2r}{2r}\varphi \cdot \frac{\sin\dfrac{R}{2r}\varphi}{\dfrac{R}{2r}\varphi}$$

$$\to R\sin\varphi - R\varphi\cos\varphi = R(\sin\varphi - \varphi\cos\varphi)$$

即当 $r \to +\infty$ 时,圆外旋轮线的极限情形的方程为

$$\begin{cases} x = R(\cos\varphi + \varphi\sin\varphi) \\ y = R(\sin\varphi - \varphi\cos\varphi) \end{cases}$$

而这正是圆的渐伸线.

第十章 极 坐 标

10.1 平面上的点的极坐标

10.1.1 平面上的极坐标系

在平面上取一定点 O；以 O 为端点引射线 Ox；在 Ox 上取定一点 E，把 $|OE|$ 作为长度单位，E 叫作单位点；再确定度量角度的正方向（通常取逆时针方向）. 这样，就说在平面上建立了一个极坐标系. 定点 O 叫作这个极坐标系的极点，定射线 Ox 叫作这个极坐标系的极轴（图 10.1）.

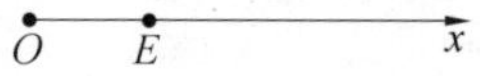

图 10.1

10.1.2 平面上的点的极坐标

设 M 为极坐标平面上一点，如图 10.2(a)，若 M 不重合于极点 O，作射线 OM，设 $|OM|=\rho$，这里 $\rho>0$. Ox 与 OM 的夹角有无限多个值，其中的一个值为 θ（弧度），则这无限多个值可表示为 $\theta+2n\pi$（n 为整数）. 令无限多个有序实数偶 $(\rho,\theta+2n\pi)$ 和点 M 对应. 不仅如此，作出射线 OM 的反向延长线 OM'，Ox 与 OM' 的夹角有无限多个值，其中的一个值为 $\theta+\pi$，则这无限多个值可表示为 $\theta+(2n+1)\pi$（n 为整数）. 令无限多个有序实数偶 $(-\rho,\theta+(2n+1)\pi)$ 和点 M 对应. 和点 M 对应的这两组有序实数偶的表达式也可并为一个：$((-1)^k\rho,\theta+k\pi)$（k 为整数）.

若点 M 重合于极点 O，则 $|OM|=0$，射线 OM 方向不定. 令有序实数偶 $(0,\theta)$（θ 为任意角度）和点 M 对应.

在以上的讨论中，和点 M 对应的每个有序实数偶都叫作点 M 的极坐标. 数偶中的第一个数叫作点 M 的极径，数偶中的第二个数叫作点 M 的极角.

在点 M 的极坐标表达式中的 ρ 不限于是正数，也可以是负数，只要看图

10.2(b) 就明白了.

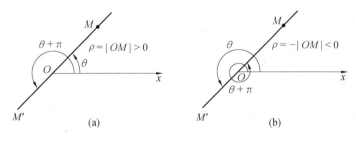

图 10.2

再看反面的问题. 设已知一点 M 的极坐标 (ρ,θ), 怎样确定点 M 的位置. 分三种情形:

(1) 当 $\rho>0$ 时. 作射线 OM, 使 Ox 与 OM 的夹角为 θ, 在射线 OM 上取点 M, 使 $|OM|=\rho$, 则 M 的极坐标为 (ρ,θ), M 为所求的点 (图 10.3(a)).

(2) 当 $\rho<0$ 时. 作射线 OM', 使 Ox 与 OM' 的夹角为 θ, 在射线 OM' 的反向延长线上取点 M, 使 $|OM|=|\rho|$, 则 M 的极坐标为 (ρ,θ), M 为所求的点 (图 10.3(b)).

(3) 当 $\rho=0$ 时. 不论 θ 的值如何, 极坐标 (ρ,θ) 确定的点 M 重合于极点 O (图 10.3(c)).

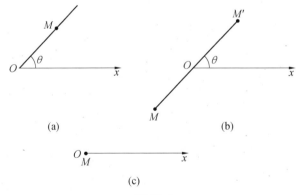

图 10.3

定理 10.1 在极坐标平面上, (1) 每一点 M 的极坐标有无限多; 若 M 不重合于极点 O, 它的极坐标之一为 (ρ,θ) 时, 则它的全体极坐标可表达为 $(\rho,\theta+2n\pi)$ 和 $(-\rho,\theta+(2n+1)\pi)$, 这里 $\rho\neq0$, n 为整数. 这两个表达式也可并为一个: $((-1)^k\rho,\theta+k\pi)$, 这里 k 为整数. 若 M 重合于极点 O, 则它的极坐标为 $(0,\theta)$, 这里 θ 可以取任意值. (2) 一点的极坐标确定了时, 这点的位置也随之确定.

10.1.3 已知点的对称点

参考图 10.4,10.5,10.6 容易得到以下的定理.

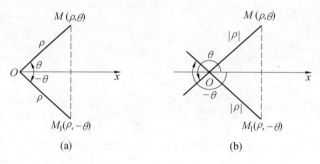

图 10.4

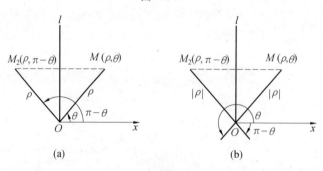

图 10.5

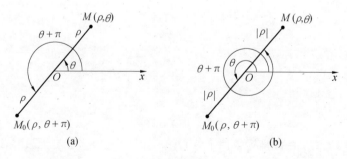

图 10.6

定理 10.2 点 $M(\rho,\theta)(\rho \neq 0)$ 关于极轴(实际上是极轴所在直线)的对称点 M_1 的全体极坐标为 $(\rho,-\theta+2n\pi)$ 和 $(-\rho,-\theta+(2n+1)\pi)$;关于极垂线(通过极点垂直于极轴的直线)的对称点 M_2 的全体极坐标为 $(\rho,-\theta+(2n+1)\pi)$

和 $(-\rho, -\theta + 2n\pi)$；关于极点的对称点 M_0 的全体极坐标为 $(\rho, \theta + (2n+1)\pi)$ 和 $(-\rho, \theta + 2n\pi)$. 这里 n 表示整数.

10.1.4　点的极坐标与直角坐标的关系

在平面上建立一个极坐标系和一个直角坐标系 Oxy：令极坐标系的极点与直角坐标系的原点重合；极轴和 x 轴的正半轴 Ox 重合；两个坐标系有相同的长度单位；度量角度的正方向相同[①]. 在上述坐标平面上，点的两种坐标有以下关系.

定理 10.3　在平面上有一个极坐标系和一个直角坐标系，这两个坐标系的关系如上所述. 那么，平面上任意一点 M 的极坐标 (ρ, θ) 和直角坐标 (x, y) 之间有以下的关系

$$\begin{cases} x = \rho\cos\theta & (10.1) \\ y = \rho\sin\theta & (10.2) \end{cases}$$

和

$$\begin{cases} \rho = \pm\sqrt{x^2 + y^2} & (10.3) \\ \tan\theta = \dfrac{y}{x} \quad (x \neq 0) & (10.4) \end{cases}$$

证明　证明 (10.1) 和 (10.2) 分三种情形：

(1) 当 $\rho > 0$ 时，如图 10.7，由三角函数的定义直接得到

$$\begin{cases} x = \rho\cos\theta \\ y = \rho\sin\theta \end{cases}$$

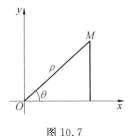

图 10.7

(2) 当 $\rho < 0$ 时. 这时 $(-\rho, \theta + \pi)$ 也是点 M 的极坐标，并且 $-\rho > 0$. 由情形 (1) 就有

$$\begin{cases} x = -\rho\cos(\theta + \pi) \\ y = -\rho\sin(\theta + \pi) \end{cases}$$

这就得

---

①　在以后的讨论中，若同时有一个极坐标系和一个直角坐标系，如无特别说明，这两个坐标系的关系总如上述，不再一一声明.

$$\begin{cases} x = \rho\cos\theta \\ y = \rho\sin\theta \end{cases}$$

(3) 当 $\rho = 0$ 时,这时 $x = 0$,$y = 0$,从而定理成立.

把式(10.1)及(10.2)的两个等式左右平方,再左右相加,然后左右开平方,便得

$$\rho = \pm\sqrt{x^2 + y^2}$$

当 $x \neq 0$ 时,把式(10.1)及(10.2)两个等式左右各相除,便得

$$\tan\theta = \frac{y}{x}$$

推论　平面上一点的极坐标 (ρ, θ) 和直角坐标 (x, y) 之间有以下关系

$$\cos\theta = \frac{x}{\pm\sqrt{x^2 + y^2}}, \quad \sin\theta = \frac{y}{\pm\sqrt{x^2 + y^2}}$$

两个等式中,同时取"+"号,或同时取"−"号.

应用公式(10.1)～(10.4)可以进行点的两种坐标互化.

例　已知点 M 的直角坐标为 $(-\sqrt{3}, -1)$,求点 M 的极坐标.

解　由公式(10.3)得

$$\rho = \pm\sqrt{(-\sqrt{3})^2 + (-1)^2} = \pm 2$$

即 ρ 的值为 2 或 −2.

(1) 取 $\rho = 2$.

我们来确定 θ 的值. 由于 $\tan\theta = \dfrac{-1}{-\sqrt{3}} = \dfrac{\sqrt{3}}{3}$,所以在 0 和 2π 之间 θ 的值应为 $\dfrac{\pi}{6}$ 或 $\dfrac{7\pi}{6}$ 之一. 由于 $\rho = 2 > 0$,所以 M 在它的极角的终边上. 而 M 位于第三象限,所以 M 的极角的终边位于第三象限,从而 $\theta = \dfrac{7\pi}{6}$(也可以这样来确定 θ 的值: $\sin\theta = -\dfrac{1}{2} < 0$,既然 $\tan\theta > 0$,$\sin\theta < 0$,所以 θ 为第三象限的角,从而 $\theta = \dfrac{7\pi}{6}$). 于是点 M 的一组极坐标为 $\left(2, \dfrac{7\pi}{6}\right)$.

(2) 取 $\rho = 2$.

我们来确定 θ 在 0 和 2π 之间的一个值. 由于 $\tan\theta = \dfrac{\sqrt{3}}{3}$,所以 θ 的值应为 $\dfrac{\pi}{6}$ 或 $\dfrac{7\pi}{6}$ 之一. 由于 $\rho = -2 < 0$,所以 M 在它的极角的终边的反向延长线上. 而 M

74

位于第三象限,所以它的极角的终边位于第一象限,从而 $\theta = \dfrac{\pi}{6}$(也可以这样来

确定 θ 的值:$\sin \theta = \dfrac{-1}{-2} = \dfrac{1}{2} > 0$,既然 $\tan \theta > 0$,$\sin \theta > 0$,所以 θ 为第一象限

的角,从而 $\theta = \dfrac{\pi}{6}$). 于是点 M 的一组极坐标为 $(-2, \dfrac{\pi}{6})$.

一般用方法(1) 即可.

10.1.5 几个基本公式

1. 两点间的距离

定理 10.4 在极坐标系中,点 $A(\rho_1, \theta_1)$ 和点 $B(\rho_2, \theta_2)$ 间的距离
$$| AB | = \sqrt{\rho_1^2 + \rho_2^2 - 2\rho_1\rho_2\cos(\theta_1 - \theta_2)}$$

2. 三角形的面积

定理 10.5 若三角形的三个顶点的极坐标各为 (ρ_1, θ_1),(ρ_2, θ_2),(ρ_3, θ_3),则这个三角形的面积为
$$\frac{1}{2}\big[\rho_1\rho_2\sin(\theta_2 - \theta_1) + \rho_2\rho_3\sin(\theta_3 - \theta_2) + \rho_3\rho_1\sin(\theta_1 - \theta_3)\big]$$
的绝对值.

定理 10.4 和定理 10.5 可各用定理 1.21、定理 1.23 及定理 10.3 证明,也可独立证明.

定理 10.6 如果极轴绕极点旋转角度 ω,平面上一点的旧坐标 (ρ, θ) 与新坐标 (ρ', θ') 有以下关系
$$\begin{cases} \rho = \rho' \\ \theta = \theta' + \omega \end{cases} \tag{10.5}$$

或
$$\begin{cases} \rho = -\rho' \\ \theta = \theta' + \omega + \pi \end{cases} \tag{10.6}$$

证明 式(10.5)由图 10.8(a) 是 $\rho > 0$ 的情形,图 10.8(b) 是 $\rho < 0$ 的情

形）及有向角加法定理直接得到,式(10.6)由式(10.5)得到.

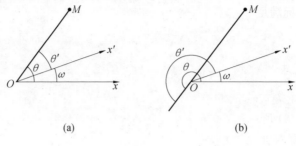

图 10.8

10.2　曲线的极坐标方程

10.2.1　曲线的极坐标方程的定义

定义　一个含有变数 ρ 和 θ 的二元方程 $F(\rho,\theta)=0$ 和一条曲线 C,如果(1)曲线 C 上的每个点的极坐标中至少有一组满足方程 $F(\rho,\theta)=0$;(2)凡极坐标之一满足方程 $F(\rho,\theta)=0$ 的点都在曲线 C 上,那么,$F(\rho,\theta)=0$ 叫作曲线 C 的极坐标方程,而 C 叫作方程 $F(\rho,\theta)=0$ 的曲线(图像).

10.2.2　曲线的极坐标方程的等价

在同一极坐标系中,如果几个极坐标方程(同解或不同解)表示同一条曲线,那么,就说这几个极坐标方程是等价的.例如 $\rho=5$ 和 $\rho=-5$ 等价,$\theta=\dfrac{\pi}{3}$ 和

$\theta=\dfrac{\pi}{3}+n\pi$($n$ 为整数)等价.

定理 10.7　如果

$$F(\rho,\theta)=0 \tag{10.7}$$

是曲线 C 的一个极坐标方程,那么

$$F((-1)^k\rho,\theta+k\pi)=0 \quad (k\ 为整数) \tag{10.8}$$

也是曲线 C 的极坐标方程,即(10.8)所表示的一切方程和(10.7)等价((10.8)中当 $k=0$ 时,就得(10.7)).

证明　设 M 是曲线 C 上的任意一点,由于(10.7)是 C 的方程,所以 M 至少有一组极坐标满足(10.7).设 M 的这一组极坐标为 (ρ_0,θ_0),那么

$$F(\rho_0,\theta_0)=0$$

为证明点 M 也在(10.8)所表示的曲线上,把上面这个等式改写成以下形式

$$F((-1)^k(-1)^k\rho_0,(\theta_0-k\pi)+k\pi)=0$$

(k 为整数)这个等式表明 M 的另一极坐标 $((-1)^k\rho_0,\theta_0-k\pi)$ 满足方程(10.8),所以 M 在(10.8)所表示的曲线上.

反过来,设 N 是(10.8)所表示的曲线上的任意一点,那么,N 至少有一组极坐标 (ρ_1,θ_1) 满足(10.8)

$$F((-1)^k\rho_1,\theta_1+k\pi)=0$$

这个等式表明 N 的另一极坐标 $((-1)^k\rho_1,\theta_1+k\pi)$ 满足方程(10.7),所以 N 在曲线 C 上.

因此,(10.8)也是曲线 C 的极坐标方程,所以(10.8)与(10.7)等价.

推论　设曲线 C 的极坐标方程为

$$\rho=f(\theta) \qquad\qquad (10.9)$$

那么,极坐标方程

$$\rho=f(\theta+2n\pi)$$

和

$$\rho=-f(\theta+(2n+1)\pi)　(n\text{ 为整数})$$

都和(10.9)等价.

定理10.8　如果极坐标方程 $F(\rho,\theta)=0$ 所表示的曲线通过极点,那么方程

$$\rho F(\rho,\theta)=0 \qquad\qquad (10.10)$$

与(10.7)等价.

证明　因(10.10)所表示的曲线是(10.7)所表示的曲线与极点 $\rho=0$ 的总体,而(10.7)表示的曲线通过极点,所以(10.10)与(10.7)表示的曲线相同,所以(10.10)与(10.7)等价.

例 1　证明方程

$$\rho=\frac{1}{1-\cos\theta} \quad \text{与} \quad \rho=\frac{-1}{1+\cos\theta}$$

等价.

证明　由定理10.7,第一个方程与

$$-\rho=\frac{1}{1-\cos(\theta+(2n+1)\pi)}　(n\text{ 为整数})$$

等价,即与

$$\rho = \frac{-1}{1 + \cos \theta}$$

等价.

例 2　证明极坐标方程

$$\rho = 2r\cos \theta$$

与

$$\rho^2 = 2r\rho\cos \theta \quad (r > 0)$$

等价.

证明　在 $\rho = 2r\cos \theta$ 中,当 $\theta = \frac{\pi}{2}$ 时,$\cos \theta = 0$,所以有 $\rho = 0$,这说明曲线通过极点,由定理 10.8 可知

$$\rho = 2r\cos \theta \quad 与 \quad \rho^2 = 2r\rho\cos \theta$$

等价.

10.2.3　曲线的极坐标方程与直角坐标方程的互化

1.把曲线的直角坐标方程化为极坐标方程

这类问题一般比较简单,只要用定理 10.3 的各公式把方程中的 x 换成 $\rho\cos \theta$,把 y 换成 $\rho\sin \theta$,把 $x^2 + y^2$ 换成 ρ^2,把 $\frac{y}{x}$ 换成 $\tan \theta$,然后进行化简就可以了.但在化简时,要注意前后方程必须保持等价.

例　把曲线的直角坐标方程 $x - y = 0$(直线)化为极坐标方程.

解　用 $\rho\cos \theta$,$\rho\sin \theta$ 分别代替方程中的 x,y,便得已知直线的极坐标方程

$$\rho\cos \theta - \rho\sin \theta = 0 \tag{10.11}$$

由于直线通过极点,所以消去(10.11)中的 ρ,得

$$\cos \theta - \sin \theta = 0 \tag{10.12}$$

这也是已知直线的极坐标方程.又由(10.12)(或直接由 $x - y = 0$)得

$$\tan \theta = 1 \tag{10.13}$$

这也是已知直线的极坐标方程.又由(10.13)得

$$\theta = \frac{\pi}{4}$$

78

这也是已知直线的极坐标方程.

2.把曲线的极坐标方程化为直角坐标方程

由曲线的极坐标方程化为直角坐标方程时,在可能的情况下,最好先通过等价变形,在极坐标方程中制造出 $\rho\cos\theta,\rho\sin\theta,\rho^2$,然后把 $\rho\cos\theta$ 换成 x,$\rho\sin\theta$ 换成 y,ρ^2 换成 x^2+y^2,而不直接把 ρ,θ 换成 x 和 y 的表示式.

例 把曲线的极坐标方程 $\rho^2\cos2\theta=16$(双曲线)化为直角坐标方程.

解 为把已给极坐标方程化成直角坐标方程,须把方程中的二倍角的三角函数化成单角的三角函数,原方程可改为

$$\rho^2(\cos^2\theta-\sin^2\theta)=16$$

即

$$(\rho\cos\theta)^2-(\rho\sin\theta)^2=16$$

把 $\rho\cos\theta$ 换成 x,$\rho\sin\theta$ 换成 y,便得曲线的直角坐标方程

$$x^2-y^2=16$$

79

10.2.4 已知曲线,求它的极坐标方程

求曲线的极坐标方程的方法与在直角坐标系中求直角坐标方程的方法基本相同.

例 如图 10.9 所示,求以圆(O,R)为基圆的渐伸线的极坐标参数方程.

解 如图 10.9,设渐伸线上任意一点 M 的极坐标为(ρ,θ),作直线 MN 和基圆相切于点 N,联结 OM,ON.以 $\angle MON=\alpha$(弧度)为参数,则在 $\triangle OMN$ 中

$$\cos\alpha=\frac{|ON|}{|OM|}=\frac{R}{\rho}$$

所以

$$\rho=\frac{R}{\cos\alpha}$$

图 10.9

又

$$\tan\alpha=\frac{|MN|}{|ON|}=\frac{\overset{\frown}{AN}}{R}=\frac{(\theta+\alpha)R}{R}=\theta+\alpha$$

所以

$$\theta = \tan\alpha - \alpha$$

这就得到以圆 (O,R) 为基圆的渐伸线的极坐标参数方程

$$\begin{cases} \rho = \dfrac{R}{\cos\alpha} \\ \theta = \tan\alpha - \alpha \end{cases} \qquad (\alpha \text{ 为参数})$$

10.2.5 已知曲线的极坐标方程,描绘曲线

已知曲线的极坐标方程,要描绘这条曲线,首先讨论这曲线的某些性质,然后用描点法描绘出曲线.

1. 曲线的对称性

定理 10.9 设曲线 C 的极坐标方程为 $F(\rho,\theta)=0$,如果存在某个整数 n,用 $(\rho, -\theta+2n\pi)$ 或 $(-\rho, -\theta+(2n+1)\pi)$ 代入原方程,而方程不变,那么,曲线 C 关于极轴(实际是极轴所在直线) 对称;否则 C 关于极轴不对称.

证明 设 M 是曲线 C 上的任意一点,那么,它至少有一组坐标 (ρ_0,θ_0) 满足 C 的方程,即 $F(\rho_0,\theta_0)=0$. 由定理 10.2,M 关于极轴的对称点 M_1 的极坐标为 $(\rho_0, -\theta_0+2n\pi)$ 和 $(-\rho_0, -\theta_0+(2n+1)\pi)$. 由已知条件,存在整数 n,使

$$F(\rho, -\theta+2n\pi) \equiv \pm F(\rho,\theta)$$

或

$$F(-\rho, -\theta+(2n+1)\pi) \equiv \pm F(\rho,\theta) \qquad (10.14)$$

从而,存在整数 n,使

$$F(\rho_0, -\theta_0+2n\pi) \equiv \pm F(\rho,\theta) = 0$$

或

$$F(-\rho_0, -\theta_0+(2n+1)\pi) \equiv \pm F(\rho_0,\theta_0) = 0$$

这说明点 M_1 在曲线 C 上,所以 C 关于极轴对称.

如果(10.14)的两个等式都不成立,说明 M 的对称点 M_1 不在 C 上,所以 C 关于极轴不对称.

说明 判定曲线关于极轴对称,常用以下条件:若

$$F(\rho, -\theta) \equiv \pm F(\rho,\theta)$$

或

$$F(-\rho, \pi - \theta) \equiv \pm F(\rho, \theta)$$

则曲线 C 关于极轴对称. 但这两个条件只是充分条件,而不是必要条件.

定理 10.10 设曲线 C 的极坐标方程为 $F(\rho, \theta) = 0$,如果存在某个整数 n,用 $(\rho, -\theta + (2n+1)\pi)$ 或 $(-\rho, -\theta + 2n\pi)$ 代入原方程,而方程不变,那么,曲线 C 关于极垂线对称;否则 C 关于极垂线不对称.

说明 判定曲线 C 关于极垂线对称,常用以下条件:若

$$F(\rho, \pi - \theta) \equiv \pm F(\rho, \theta)$$

或

$$F(-\rho, -\theta) \equiv \pm F(\rho, \theta)$$

成立,则曲线 C 关于极垂线对称. 但这两个条件只是充分条件,而不是必要条件.

定理 10.11 设曲线 C 的极坐标方程为 $F(\rho, \theta) = 0$,如果存在某个整数 n,用 $(\rho, \theta + (2n+1)\pi)$ 或 $(-\rho, \theta + 2n\pi)$ 代入原方程,而方程不变,那么,曲线 C 关于极点对称;否则 C 关于极点不对称.

说明 判定曲线 C 关于极点对称,常用以下条件:若

$$F(\rho, \theta + \pi) \equiv \pm F(\rho, \theta)$$

或

$$F(-\rho, \theta) \equiv \pm F(\rho, \theta)$$

成立,则曲线 C 关于极点对称. 但这两个条件只是充分条件,而不是必要条件.

例 判定曲线 $\rho = a(1 + \cos\theta)\ (a > 0)$ 关于极轴、极垂线、极点是否对称.

解 以 $(\rho, -\theta + 2n\pi)$ 代入曲线方程,得

$$\rho = a[1 + \cos(-\theta + 2n\pi)]$$

即

$$\rho = a(1 + \cos\theta)$$

方程不变,所以曲线关于极轴对称(以 $(-\rho, -\theta + (2n+1)\pi)$ 代入曲线方程,方程起变化,并不说明曲线关于极轴不对称).

以 $(\rho, -\theta + (2n+1)\pi)$ 或 $(-\rho, -\theta + 2n\pi)$ 代入曲线方程,得

$$\rho = a[1 + \cos(-\theta + (2n+1)\pi)]$$

或

$$-\rho = a[1 + \cos(-\theta + 2n\pi)]$$

即

$$\rho = a(1 - \cos\theta) \quad 或 \quad -\rho = a(1 + \cos\theta)$$

方程起变化,所以曲线关于极垂线不对称.

由以上讨论可知曲线关于极点不会对称了.

曲线见图 10.37 中的第二图.

2. 曲线的周期

定义　设曲线 C 的极坐标方程为 $F(\rho,\theta)=0$，M 为 C 上任意点，设它的坐标 (ρ,θ) 满足方程 $F(\rho,\theta)=0$. 如果有一个非零整数 k，使 M 的坐标 $((-1)^k\rho,\theta+k\pi)$ 也满足方程 $F(\rho,\theta)=0$，那么就称曲线 C 具有周期性，$k\pi$ 叫作曲线 C 的一个周期.

显然，周期性曲线的一个周期的任意非零整数倍也都是这曲线的周期，所以，如果曲线有周期的话，就有无限多个周期. 周期中最小的正的周期叫作曲线的最小正周期. 以下我们求曲线的周期都是最小正周期. 例如曲线 $\rho=0$（这曲线是极点）具有周期性，任何非零实数都是它的一般意义下的周期，但没有最小正周期，这是极特殊的情形. 在一般情形下，周期性曲线的周期具有形式 $k\pi$（k 为正整数）.

若曲线 C 的周期为 $k\pi$（k 为正整数），令极角 θ 从某个允许值开始增加到 $k\pi$ 时，对应的点也就沿曲线 C 逐渐移动，使曲线重复出现，即这对应点描绘出整个曲线 C.

在极坐标系中，曲线周期的求法，由以下的定理给出：

定理 10.12　设曲线 C 的极坐标方程为 $F(\rho,\theta)=0$. (1) 如果存在某个非零整数 n，使得 $F(\rho,\theta+2n\pi)\equiv\pm F(\rho,\theta)$，那么，曲线 C 的周期为 $2n\pi$；(2) 如果存在某个整数 n，使得 $F(-\rho,\theta+(2n+1)\pi)\equiv\pm F(\rho,\theta)$，那么，曲线 C 的周期为 $(2n+1)\pi$.

证明　(1) 设 M 是曲线 C 上的任意一点，那么，它至少有一组坐标 (ρ_0,θ_0) 满足 C 的方程 $F(\rho,\theta)=0$，即 $F(\rho_0,\theta_0)=0$. 由定理的条件得 $F(\rho_0,\theta_0+2n\pi)=\pm F(\rho_0,\theta_0)=0$，即坐标 $(\rho_0,\theta_0+2n\pi)$ 满足曲线 C 的方程，所以曲线 C 的周期为 $2n\pi$.

(2) 仿(1)可证.

例 1　求曲线 $\rho=a\sin 3\theta(a>0)$ 的周期.

解　把 $\rho=a\sin 3\theta$ 改写为 $\rho-a\sin 3\theta=0$ 的形式，然后以 $(-\rho,\theta+(2n+1)\pi)$（n 为整数）代入这个方程的左端，得

$$-\rho-a\sin 3[\theta+(2n+1)\pi]\equiv-\rho-a\sin[3\theta+(6n+3)\pi]$$
$$\equiv-\rho+a\sin 3\theta$$

$$\equiv -(\rho - a\sin 3\theta)$$

由定理 10.12 可知，这曲线的周期 $(2n+1)\pi$. 取 π 为它的周期. 因此，当 θ 从 0 增加到 π，就得整个曲线（见图 10.52）.

例 2　求曲线 $\rho = a\sin\dfrac{1}{2}\theta(a>0)$ 的周期.

解　把 $\rho = a\sin\dfrac{1}{2}\theta$ 改写为 $\rho - a\sin\dfrac{1}{2}\theta = 0$ 的形式，然后以 $(-\rho, \theta+(2n+1)\pi)$ (n 为整数) 代入这个方程的左端，得

$$-\rho - a\sin\frac{1}{2}\big[\theta + (2n+1)\pi\big]$$

$$\equiv -\rho - a\sin\left(\frac{1}{2}\theta + n\pi + \frac{1}{2}\pi\right)$$

$$\equiv -\rho \pm a\cos\frac{1}{2}\theta \not\equiv \pm\left(\rho - a\sin\frac{1}{2}\theta\right)$$

所以 $(2n+1)\pi$ 不是曲线的周期. 以 $(\rho, \theta+2n\pi)$ (n 为非零整数) 代入方程的左端，得

$$\rho - a\sin\frac{1}{2}(\theta+2n\pi) \equiv \rho - a\sin\left(\frac{1}{2}\theta + n\pi\right)$$

当 n 为偶数时

$$\rho - a\sin\left(\frac{1}{2}\theta + n\pi\right) \equiv \rho - a\sin\frac{1}{2}\theta$$

所以这曲线的周期为 $2n\pi$，并且 n 为非零偶数，取 4π 为它的周期. 因此，当 θ 从 0 增加到 4π，就得到整个曲线（曲线见图 10.10. 当 θ 从 0 增加到 2π，得到曲线的 OAO 部分，当 θ 从 2π 增加到 4π，得到曲线的 OBO 部分）.

例 3　求曲线 $\rho = \sin\dfrac{2}{3}\theta$ 的周期.

解　首先把 $\rho = \sin\dfrac{2}{3}\theta$ 改写为 $\rho - \sin\dfrac{2}{3}\theta = 0$，然后以 $(-\rho, \theta+(2n+1)\pi)$ (n 为整数) 代入这个方程左端，得

$$-\rho - \sin\frac{2}{3}\big[\theta + (2n+1)\pi\big]$$

$$\equiv -\rho - \sin\left[\frac{2}{3}\theta + \frac{2(2n+1)\pi}{3}\right]$$

要使等式右端等于 $-\left(-\rho - \sin\dfrac{2}{3}\theta\right)$，则需有

83

$$-\sin\left[\frac{2}{3}\theta+\frac{2(2n+1)\pi}{3}\right]=\sin\frac{2}{3}\theta$$

从而需有

$$\frac{2(2n+1)\pi}{3}=(2m+1)\pi \quad (m\text{ 为整数})$$

即需有

$$2(2n-3m)=1$$

但这不可能. 所以曲线的周期不会是 $(2n+1)\pi$.

以 $(\rho,\theta+2n\pi)$(n 为非零整数) 代入方程左端,得

$$\rho-\sin\frac{2}{3}[\theta+2n\pi]\equiv\rho-\sin\left(\frac{2\theta}{3}+\frac{4n\pi}{3}\right)$$

从这结果可知,当 $n=3,6,\cdots$ 时,右端等于 $\rho-\sin\frac{2}{3}\theta$,所以 $6\pi,12\pi,\cdots$ 都是曲线的周期. 取 6π 为它的周期. 因此,当 θ 从 0 增加到 6π,得到整个曲线(见图 10.11,当 θ 从 0 增加到 $\frac{3\pi}{2}$,得到曲线的 OAO 部分,当 θ 从 $\frac{3\pi}{2}$ 增加到 3π,得到曲线的 OBO 部分,当 θ 从 3π 增加到 $\frac{9\pi}{2}$,得到曲线的 OCO 部分,当 θ 从 $\frac{9\pi}{2}$ 增加到 6π,得到曲线的 ODO 部分).

84

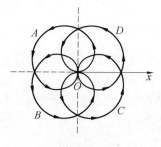

图 10.11

例 4 求曲线 $\rho^2-2\rho\cos\theta+1=0$(以 $(1,0)$ 为圆心的点圆 S,参看 10.4) 的周期.

解 这条曲线(点圆)的周期显然为 π.

当 S 上的点 M 的极角 θ 从 0 开始增加时,对应的极半径 ρ 为虚数,直到 θ 增加 π 时,才得 $\rho=-1$,M 重合于曲线点 S. 所以这时也是 θ 由 0 变到 π,M 描绘出曲线点 S.

并不是每条曲线都有周期.

例 5　求曲线 $\rho=a\theta(a>0,\theta\geqslant 0)$ 的周期.

解　把 $\rho=a\theta$ 改写成 $\rho-a\theta=0$,以 $(-\rho,\theta+(2n+1)\pi)$ 代入方程的左端,得 $-\theta-a[\theta+(2n+1)\pi]$,不论 n 取什么整数都不可能得到 $\pm(\rho-a\theta)$.

以 $(\rho,\theta+2n\pi)$ 代入方程的左端,得 $\rho-a(\theta+2n\pi)$,不论 n 取什么非零整数都不可能得到 $\pm(\rho-a\theta)$.

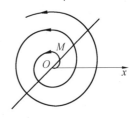

所以曲线 $\rho=a\theta$ 的周期不存在.这曲线上任意点沿曲线不论旋转多少周都不能回到原处(图10.12).

图 10.12

注意　曲线的周期并不就是函数的周期,例如曲线 $\rho=\sin 3\theta$ 的周期为 π(例1),而函数 $\sin 3\theta$ 的周期却是 $\dfrac{2\pi}{3}$,尽管 $(\rho,\theta+\dfrac{2\pi}{3})$ 满足曲线方程 $\rho=\sin 3\theta$,但 $(\rho,\theta+\dfrac{2\pi}{3})$ 和 (ρ,θ) 不是同一点,因而曲线上的点极角增加 $\dfrac{2\pi}{3}$,并未回到原处,所以 $\dfrac{2\pi}{3}$ 不是这曲线的周期.

3. 曲线的存在范围

如果曲线的极坐标方程中的 θ 只能取闭区间 $[\alpha,\beta]$ 上的值(即这时 ρ 为实数),并且 $\beta-\alpha<\pi$,则曲线存在于角状区域 $\alpha\leqslant\theta\leqslant\beta$ 的内部或边界.

当 $|\theta|$ 逐渐增大(减小)时,若 $|\rho|$ 的值也随之增大,则曲线上的点距极点越来越远;若 $|\rho|$ 无限增大,则曲线无限延伸.

当 $|\theta|$ 逐渐增大(减小)时,若 $|\rho|$ 的值也随之减小,则曲线上的点距极点越来越近;若 $|\rho|$ 趋近于 0,则极点叫作曲线的极限点.

若对于 θ 的任何可取值,恒有 $|\rho|\leqslant a(a>0$ 的常数),则曲线在圆 $\rho=a$ 内或上;若对于 θ 的任何可取值,恒有 $|\rho|>a(a>0$ 的常数),则曲线在圆 $\rho=a$ 外.

例　讨论曲线 $\rho^2=4\cos 2\theta$ 的存在范围.

解　由于 $\rho=\pm 2\sqrt{\cos 2\theta}$,所以必须有 $\cos 2\theta\geqslant 0$,从而 $-\dfrac{\pi}{4}\leqslant\theta\leqslant\dfrac{\pi}{4}$,所以曲线存在于角区域 $[-\dfrac{\pi}{4},\dfrac{\pi}{4}]$ 的内部或边界.

由于 $0\leqslant\cos 2\theta\leqslant 1$,所以 $0\leqslant\rho^2\leqslant 4$,所以

$$-2 \leqslant \rho \leqslant 2 \quad (|\rho| \leqslant 2)$$

所以曲线在圆 $\rho = 2$ 内或上(图 10.13).

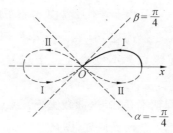

图 10.13

4.曲线通过极点时的极角以及曲线与极轴所在直线、极垂线的交点

如果曲线的极坐标方程中的 ρ 不能取得 0,则曲线不通过极点;否则曲线通过极点.令方程中的 $\rho = 0$,这时如果得到 θ 的一个方程,设得到实根 $\theta_1, \theta_2, \cdots, \theta_m, \cdots$(若曲线具有周期性,取不超过一个周期的限),则当 θ 取 $\theta_1, \theta_2, \cdots, \theta_m, \cdots$ 时,曲线通过极点.

在极坐标方程中,令 $\theta = n\pi$(n 为整数),求出 ρ 的值,就得到曲线与极轴所在直线的交点.令 $\theta = \left(n+\dfrac{1}{2}\right)\pi$($n$ 为整数),求出 ρ 的值,就得到曲线与极垂线的交点.

例 求曲线 $\rho = \cos 2\theta$ 通过极点时的极角以及曲线与极轴所在直线、极垂线的交点.

解 令方程中的 $\rho = 0$,则得 $\cos 2\theta = 0$,所以 2θ 为 $\dfrac{\pi}{2}, \dfrac{3\pi}{2}, \dfrac{5\pi}{2}, \dfrac{7\pi}{2}$,从而 θ 为 $\dfrac{\pi}{4}, \dfrac{3\pi}{4}, \dfrac{5\pi}{4}, \dfrac{7\pi}{4}$($\leqslant$ 周期 2π),即这时曲线通过极点.

令 $\theta = 0, \pi$,得 $\rho = 1$,即曲线与极轴所在直线相交于点 $(1, 0)$,$(1, \pi)$.令 $\theta = \dfrac{\pi}{2}, \dfrac{3\pi}{2}$,得 $\rho = -1$,即曲线与极垂线相交于点 $\left(-1, \dfrac{\pi}{2}\right)$,$\left(-1, \dfrac{3\pi}{2}\right)$(见图 10.49).

5.极坐标方程的曲线的描绘

例 讨论并描绘曲线 $\rho^2 = 4\cos 2\theta$.

解 (1) 周期性 以 $\theta + (2n+1)\pi$ 代入方程右端的 θ,得

$$4\cos 2[\theta + (2n+1)\pi] \equiv 4\cos 2\theta \equiv \rho^2$$

86

由此可知曲线的周期为 π.

（2）对称性　用 $(\rho, -\theta)$ 代替方程中的 (ρ, θ)，方程不变，所以这曲线关于极轴对称；用 $(-\rho, -\theta)$ 代替方程中的 (ρ, θ)，方程不变，所以这曲线关于极曲线对称；所以这曲线关于极点也对称.

（3）存在范围　见 10.2.5 的 3. 的例.

（4）曲线通过极点时的极角以及曲线与极轴、极垂线的交点　令方程中的 $\rho = 0$，则 $\cos 2\theta = 0$，这时 $\theta = \dfrac{\pi}{4}, \dfrac{3\pi}{4}$，即这时曲线通过极点. 令 $\theta = 0$，得 $\rho = \pm 2$，所以曲线与极轴所在直线相交于点 $(2, 0)$，$(-2, 0)$. 令 $\theta = \dfrac{\pi}{2}$，得 $\rho^2 = -4$，所以曲线与极垂线在 $\left(\dfrac{\pi}{4}, \dfrac{3\pi}{4}\right)$ 内无交点.

（5）计算 ρ, θ 的对应值

由于这曲线的周期为 π，又由于它关于极轴、极垂线都对称，因此给 θ 从 0 到 $\dfrac{\pi}{4}$ 的一些值，且 ρ 只取非负的值就可以了. ρ, θ 的一些对应值如下表所示：

θ	0	$\dfrac{\pi}{12}$	$\dfrac{\pi}{8}$	$\dfrac{\pi}{6}$	$\dfrac{\pi}{4}$
2θ	0	$\dfrac{\pi}{6}$	$\dfrac{\pi}{4}$	$\dfrac{\pi}{3}$	$\dfrac{\pi}{2}$
ρ	2	1.9	1.7	1.4	0

（6）描点　描出点 $(2, 0)$，$\left(1.9, \dfrac{\pi}{2}\right)$，$\left(1.7, \dfrac{\pi}{8}\right)$，$\left(1.4, \dfrac{\pi}{6}\right)$，$\left(0, \dfrac{\pi}{4}\right)$.

（7）描绘曲线　用平滑曲线顺势联结以上各点，然后利用曲线的对称性描出整个曲线，曲线如图 10.13 所示（图中曲线的虚线部分是根据曲线的对称性画出的. 当 θ 从 0 增加到 $\dfrac{\pi}{4}$ 时，ρ 分别从 2，-2 变化到 0，而得到的曲线的部分 Ⅰ. 当 θ 从 $\dfrac{3\pi}{4}$ 增加到 π 时，ρ 从 0 分别变化到 -2，2，而得到的曲线的部分 Ⅱ）. 这条曲线叫作双纽线.

10.2.6　曲线的交点

在极坐标系中，设已知两条曲线 C_1 和 C_2 的极坐标方程各为 $F_1(\rho, \theta) = 0$ 和

$F_2(\rho,\theta)=0$,那么,方程组

$$\begin{cases} F_1(\rho,\theta)=0 \\ F_2(\rho,\theta)=0 \end{cases}$$

的每个实数解一定是这两条曲线的交点的坐标;但反过来,这两条曲线的交点的坐标未必都能从这个方程组得到.

求两条曲线的交点的极坐标分两步:

第一步,判定两条曲线 $F_1(\rho,\theta)=0$ 和 $F_2(\rho,\theta)=0$ 是否相交于极点,方法如下:

用 10.2.5 中的 4. 的方法判定 $F_1(\rho,\theta)=0$ 和 $F_2(\rho,\theta)=0$ 是否都通过极点. 如果它们都通过极点,那么,这两条曲线相交于极点;否则它们不相交于极点.

第二步,求两曲线的极点以外的交点的坐标,要根据以下的定理.

定理 10.13 设两曲线 C_1 和 C_2 的极坐标方程各为 $F_1(\rho,\theta)=0$ 和 $F_2(\rho,\theta)=0$,取其中的一条曲线,例如 C_2 的方程的等价方程 $F_2((-1)^k\rho,\theta+k\pi)=0$ 与 C_1 的方程组成一些方程组

$$\begin{cases} F_1(\rho,\theta)=0 \\ F_2((-1)^k\rho,\theta+k\pi)=0 \end{cases} \qquad (k \text{ 为整数})$$

则 C_1 与 C_2 的每个非极点的交点的坐标必是这些方程组中的某个的解. 反过来,这些方程组的实数解都是 C_1 和 C_2 的交点的坐标.

证明 设 M 为曲线 C_1 和 C_2 的任意一个非极点的交点,则 M 必有一坐标 (ρ',θ') 满足曲线 C_1 的方程,即

$$F_1(\rho',\theta')=0$$

M 必有一坐标 (ρ'',θ') 满足曲线 C_2 的方程,即

$$F_2(\rho'',\theta')=0$$

由于 (ρ',θ') 和 (ρ'',θ') 都是 M 的坐标,所以必存在某个整数 k_1,使得

$$(\rho'',\theta')=((-1)^{k_1}\rho',\theta'+k_1\pi)$$

所以有

$$F_2((-1)^{k_1}\rho',\theta'+k_1\pi)=F_2(\rho'',\theta')=0$$

这个等式说明 M 的坐标 (ρ',θ') 也满足 $F_2(\rho,\theta)=0$ 的某个等价方程 $F_2((-1)^{k_1}\rho,\theta+k_1\pi)=0$. 这就证明了定理的前一部分.

反过来,如果对于某个整数 k_0,使得上面的一个方程组有解 (ρ_0,θ_0),那么点 $M(\rho_0,\theta_0)$ 当然在曲线 C_1 上;又因 (ρ_0,θ_0) 是 $F_2((-1)^{k_0}\rho,\theta+k_0\pi)=0$ 的解,所以有

$$F_2((-1)^{k_0}\rho_0, \theta_0 + k_0\pi) = 0$$

这个等式说明 $((-1)^{k_0}\rho_0, \theta_0 + k_0\pi)$ 满足 $F_2(\rho, \theta) = 0$，所以点 $((-1)^{k_0}\rho_0, \theta_0 + k_0\pi)$ 在曲线 C_2 上，而这坐标也是点 M 的坐标，所以点 M 在 C_2 上，所以 $M(\rho_0, \theta_0)$ 是 C_1 和 C_2 的交点.

例 求曲线 $\rho = \dfrac{1}{2}$（圆）与 $\rho = \cos 2\theta$（四叶玫瑰线）的交点的坐标.

解 因曲线 $\rho = \dfrac{1}{2}$ 不通过极点，所以极点不是两已知曲线的交点. 现在求两曲线的极点以外的交点. 两已知曲线之一，例如 $\rho = \dfrac{1}{2}$ 的等价方程是 $-\rho = \dfrac{1}{2}$，即 $\rho = -\dfrac{1}{2}$. 所以要求两曲线的极点以外的交点的坐标需解以下两个方程组

$$\begin{cases} \rho = \dfrac{1}{2} \\ \rho = \cos 2\theta \end{cases} \tag{10.15}$$

$$\begin{cases} \rho = -\dfrac{1}{2} \\ \rho = \cos 2\theta \end{cases} \tag{10.16}$$

解 (10.15) 得 $\left(\dfrac{1}{2}, \dfrac{\pi}{6}\right)$，$\left(\dfrac{1}{2}, \dfrac{5\pi}{6}\right)$，$\left(\dfrac{1}{2}, \dfrac{7\pi}{6}\right)$，$\left(\dfrac{1}{2}, \dfrac{11\pi}{6}\right)$；解 (10.16) 得 $\left(-\dfrac{1}{2}, \dfrac{4\pi}{3}\right)$，$\left(-\dfrac{1}{2}, \dfrac{5\pi}{3}\right)$，$\left(-\dfrac{1}{2}, \dfrac{\pi}{3}\right)$，$\left(-\dfrac{1}{2}, \dfrac{2\pi}{3}\right)$，所以两条已知曲线相交于上述八点（图 10.14）.

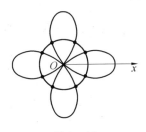

图 10.14

10.3　直线的极坐标方程

定理 10.14 一条直线通过已知点 $P(\rho_0, \theta_0)$，并且对于极轴的倾斜角 α，那

么,这条直线的极坐标方程为

$$\rho\sin(\theta-\alpha)=\rho_0\sin(\theta_0-\alpha)$$

证明 **证法一** 如图 10.15,在直线上任取一点 $M(\rho,\theta)$. 在 $\triangle MOP$ 中应用正弦定理得

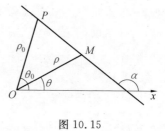

$$\frac{\rho}{\sin(\alpha-\theta_0)}=\frac{\rho_0}{\sin[\pi-(\alpha-\theta)]}$$

由此得

$$\frac{\rho}{\sin(\theta_0-\alpha)}=\frac{\rho_0}{\sin(\theta-\alpha)}$$

这就有

图 10.15

$$\rho\sin(\theta-\alpha)=\rho_0\sin(\theta_0-\alpha)$$

证法二 设已知点 $P(\rho_0,\theta_0)$ 的直角坐标为 (x_0,y_0),直线上任意一点 $M(\rho,\theta)$ 的直角坐标为 (x,y),先求出直线的直角坐标方程,再化成极坐标方程.

这种方程叫作直线在极坐标系中的点斜式方程.

定理 10.15 设直线的法线长为 p,直线的法线 ON 的辐角(即图 10.16 中的 $\angle xON$)为 α,那么这直线的极坐标方程为

$$\rho\cos(\theta-\alpha)=p$$

证明 **证法一** 如图 10.16,在这直线上任取一点 $M(\rho,\theta)$ 联结线段 OM,则 $\angle NOM=\theta-\alpha$. 在直角 $\triangle ONM$ 中有

$$\rho\cos(\theta-\alpha)=p$$

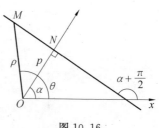

证法二 如图 10.16,已知直线的倾斜角为 $\alpha+\dfrac{\pi}{2}$,又点 N 的极坐标为 (p,α),由定理 10.14 可知这直线的极坐标方程为

图 10.16

$$\rho\sin\left[\theta-\left(\alpha+\frac{\pi}{2}\right)\right]=p\sin\left[\alpha-\left(\alpha+\frac{\pi}{2}\right)\right]$$

由此得

$$\rho\cos(\theta-\alpha)=p$$

证法三 仿定理 10.14 的证法二.

这种方程叫作直线在极坐标系中的法线式方程.

推论 1 通过已知点 $A(a,0)$,并且对于极轴的倾斜角为 α 的直线(图 10.17)的极坐标方程为 $\rho\sin(\alpha-\theta)=a\sin\alpha$.

推论 2 与极轴垂直相交,并且与极点的距离为 p 的直线(图 10.18)的极

坐标方程为 $\rho\cos\theta=p$.

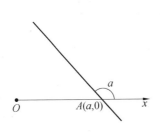

图 10.17

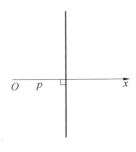

图 10.18

推论 3　平行于极轴、在极轴上侧,并且与极点的距离为 p 的直线(图 10.19)的极坐标方程为

$$\rho\sin\theta=p$$

推论 4　通过极点并且对于极轴的倾斜角为 φ 的直线(图 10.20)的极坐标方程为 $\theta=\varphi$.

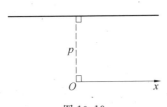

图 10.19

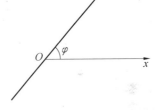

图 10.20

例　求证:通过已知点 $A(\rho_1,\theta_1)$ 和 $B(\rho_2,\theta_2)$ 的直线的极坐标方程为

$$\frac{\sin(\theta_2-\theta_1)}{\rho}=\frac{\sin(\theta-\theta_1)}{\rho_2}+\frac{\sin(\theta_2-\theta)}{\rho_1}$$

这种方程叫作直线在极坐标系中的两点式方程.

证明　在直线 AB 上任取一点 $M(\rho,\theta)$,则 $S_{\triangle ABM}=0$,由定理 10.5 得

$$\rho_1\rho_2\sin(\theta_2-\theta_1)+\rho_2\rho\sin(\theta-\theta_2)+\rho\rho_1\sin(\theta_1-\theta)=0$$

用 $\rho_1\rho_2\rho$ 除以上方程,并移项,便得要求结果.

10.4　圆的极坐标方程

定理 10.16　圆心为 $S(\rho_0,\theta_0)$,半径为 r 的圆的极坐标方程为

$$\rho^2-2\rho_0\rho\cos(\theta-\theta_0)+\rho_0^2-r^2=0$$

证明　在圆上任取一点 $M(\rho,\theta)$,由于 $|SM|=r$,根据定理 10.4,得

$$\sqrt{\rho^2 + \rho_0^2 - 2\rho_0\rho\cos(\theta - \theta_0)} = r$$

两端平方,再移项,便得

$$\rho^2 - 2\rho_0\rho\cos(\theta - \theta_0) + \rho_0^2 - r^2 = 0$$

推论 1 圆心为 $S(r, \theta_0)$,并且通过极点的圆(图 10.21)的极坐标方程为 $\rho = 2r\cos(\theta - \theta_0)$.

也可按图 10.21 独立证明.

推论 2 圆心在极轴上,通过极点,并且半径为 r 的圆的极坐标方程为 $\rho = 2r\cos\theta$.

也可按图 10.22 独立证明.

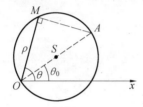

图 10.21

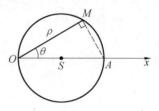

图 10.22

推论 3 与极轴在极点相切,位于极轴上侧,并且半径为 r 的圆的极坐标方程为 $\rho = 2r\sin\theta$.

也可按图 10.23 独立证明.

推论 4 以极点为圆心,半径为 r 的圆(图 10.24)的极坐标方程为

$$\rho^2 = r^2 \quad \text{或} \quad \rho = r$$

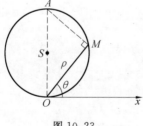

图 10.23

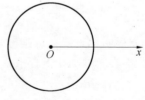

图 10.24

例 (1)求证: $\rho = A\cos\theta + B\sin\theta(A, B$ 至少有一个不为 0)是一个圆,并且求出它的圆心和半径.

(2)求圆 $\rho = 3\cos\theta + 4\sin\theta$ 的圆心和半径.

证明 (1)证法一 由于 A, B 至少有一个不为 0,所以 $\sqrt{A^2 + B^2} \neq 0$,所以原方程可以改写为

$$\rho = \sqrt{A^2 + B^2} \left(\frac{A}{\sqrt{A^2 + B^2}} \cos \theta + \frac{B}{\sqrt{A^2 + B^2}} \sin \theta \right)$$

由于 $\dfrac{A}{\sqrt{A^2 + B^2}}$ 与 $\dfrac{B}{\sqrt{A^2 + B^2}}$ 这两个实数的平方和等于 1，所以这两个数一定分别为某个角 θ_0 的余弦和正弦，令

$$\frac{A}{\sqrt{A^2 + B^2}} = \cos \theta_0, \qquad \frac{B}{\sqrt{A^2 + B^2}} = \sin \theta_0$$

因此上面的方程又可写为

$$\rho = \sqrt{A^2 + B^2} \, (\cos \theta_0 \cos \theta + \sin \theta_0 \sin \theta)$$

即

$$\rho = \sqrt{A^2 + B^2} \cos (\theta - \theta_0)$$

与推论 1 比较，已给方程是圆，圆心为点 $\left(\dfrac{1}{2} \sqrt{A^2 + B^2}, \theta_0 \right)$，半径为 $\dfrac{1}{2} \sqrt{A^2 + B^2}$，这里 θ_0 由 $\cos \theta_0 = \dfrac{A}{\sqrt{A^2 + B^2}}$ 和 $\sin \theta_0 = \dfrac{B}{\sqrt{A^2 + B^2}}$ 确定.

93

　　证法二　把极坐标方程

$$\rho = A\cos \theta + B\sin \theta$$

化为直角坐标方程：用 ρ 乘这个极坐标方程的各项，得它的等价方程

$$\rho^2 = A\rho\cos \theta + B\rho\sin \theta$$

（事实上，如果 $B \neq 0$，总存在 θ_0，使 $\tan \theta_0 = -\dfrac{A}{B}$，这时 $\rho = A\cos \theta + B\sin \theta = 0$，所以这时曲线通过极点；如果 $B = 0$，则曲线方程为 $\rho = A\cos \theta$，所以这时曲线通过极点，所以用 ρ 乘原方程，得它的等价方程）所以这曲线的直角坐标方程为

$$x^2 + y^2 = Ax + By$$

从这个方程看到：这曲线是一个圆，圆心为 $\left(\dfrac{A}{2}, \dfrac{B}{2} \right)$，半径为 $\dfrac{1}{2} \sqrt{A^2 + B^2}$.

　　现在来求圆心的极坐标 (ρ_0, θ_0). 圆心的极半径

$$\rho_0 = \sqrt{\left(\frac{A}{2} \right)^2 + \left(\frac{B}{2} \right)^2} = \frac{1}{2} \sqrt{A^2 + B^2}$$

圆心的极角为 θ_0，则

$$\frac{A}{2} = \rho_0 \cos \theta_0, \qquad \frac{B}{2} = \rho_0 \sin \theta_0$$

所以

$$\cos \theta_0 = \frac{A}{\sqrt{A^2 + B^2}}, \quad \sin \theta_0 = \frac{B}{\sqrt{A^2 + B^2}}$$

即 θ_0 由以上两个等式确定.

解 （2）圆心的极半径

$$\rho_0 = \frac{1}{2}\sqrt{3^2 + 4^2} = \frac{5}{2}$$

设圆心的极角为 θ_0，则

$$\cos \theta_0 = \frac{3}{\sqrt{3^2 + 4^2}} = \frac{3}{5}, \quad \sin \theta_0 = \frac{4}{\sqrt{3^2 + 4^2}} = \frac{4}{5}$$

所以 θ_0 为第一象限的角，并且不妨设 $0 < \theta_0 < \frac{\pi}{2}$，因此 θ_0 可表示为 $\arctan \frac{4}{3}$，于是圆心为 $\left(\frac{5}{2}, \arctan \frac{4}{3}\right)$. 圆的半径为 $\frac{5}{2}$.

10.5　圆锥曲线的极坐标方程

定理 10.17　若圆锥曲线的焦点为极点，准线 l 与极轴 Ox 的反向延长线垂直相交于点 E，焦点 O 和准线 l 的距离为 p（焦参数 $|OE| = p$），又圆锥曲线的离心率为 e，那么，这圆锥曲线的极坐标方程为

$$\rho = \frac{ep}{1 - e\cos \theta}$$

证明　如图 10.25(a)，在圆锥曲线上任取一点 $M(\rho, \theta)$，联结线段 OM，则 $|OM| = \rho, \angle xOM = \theta$. 作 MP 垂直准线 l 于点 P，作 MQ 垂直极轴 Ox 所在直线于点 Q，则

$$|PM| = |EQ| = EQ = EO + OQ = p + \rho\cos \theta$$

（这里 EQ, EO, OQ 表示有向线段的值）由圆锥曲线的定义：$|OM| : |PM| = e$，这就得

$$\frac{\rho}{p + \rho\cos \theta} = e$$

于是有

$$\rho = \frac{ep}{1 - e\cos \theta} \tag{10.17}$$

这即是圆锥曲线的极坐标方程.

这里我们是在圆锥曲线上的点 M 与焦点 O 位于准线 l 同侧的情形下求得

的圆锥曲线的方程. 但对于双曲线来说,它上面的点 M 还可以与焦点 O 位于准线 l 的异侧.

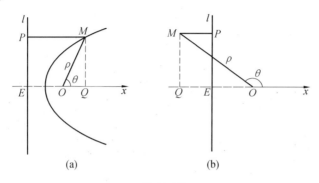

图 10.25

如图 10.25(b),作 MP 垂直准线 l 于点 P,作 MQ 垂直极轴 Ox 的反向延长线于点 Q,则

$$|PM|=|EQ|=QE=QO+OE=-\rho\cos\theta-p$$

由圆锥曲线的定义得

$$\frac{\rho}{-\rho\cos\theta-p}=e$$

于是有

$$\rho=\frac{-ep}{1+e\cos\theta} \tag{10.17$'$}$$

但双曲线左支上的点 (ρ,θ) 可用 $(-\rho,\theta+\pi)$ 代替,这时 $(10.17')$ 变成

$$-\rho=\frac{-ep}{1+e\cos(\theta+\pi)}$$

而这即是

$$\rho=\frac{ep}{1-e\cos\theta}$$

由此可见,(10.17) 也适用于 M 与 O 位于 l 异侧的情形.

圆锥曲线(10.17) 的基本性质

(1) 对称性　　只关于极轴对称.

(2) 周期性　　周期为 2π.

(3) 存在范围　　在(10.17) 中,若 $0<e<1$,即曲线为椭圆时. 当 $\theta=0$ 时,

95

$\cos\theta=1$，从而 $\rho=\dfrac{ep}{1-e}$，这是 ρ 的最大值；当 $\theta=\pi$ 时，$\cos\theta=-1$，从而 $\rho=\dfrac{ep}{1+e}$，这是 ρ 的最小值.曲线囿于一有限范围内.当 θ 在区间 $[0,2\pi)$ 中变化，得到整个椭圆.

若 $e>1$，即曲线为双曲线时.当 $\cos\theta=\dfrac{1}{e}$ 时，ρ 的值不存在，当 $\cos\theta$ 趋近于 $\dfrac{1}{e}$ 时，ρ 的值趋向于正或负无穷大，所以曲线无限延伸.因此，设 θ_0 是满足条件 $\cos\theta=\dfrac{1}{e}$ 的最小正角，则 θ_0 和 $\pi-\theta_0$ 分别是两条渐近线的倾斜角.当 $\theta_0<\theta<2\pi-\theta_0$ 时，$\rho>0$，得到的点组成双曲线的右支；当 $-\theta_0<\theta<\theta_0$ 时，$\rho<0$，得到的点组成双曲线的左支(图 10.26).

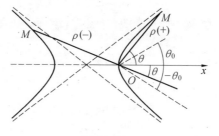

图 10.26

若 $e=1$，即曲线为抛物线时，(10.17)变为 $\rho=\dfrac{p}{1-\cos\theta}$.当 $\theta\to 0$ 时，$\cos\theta\to 1$，所以 $\rho\to+\infty$，从而这时曲线向右无限延伸；当 $\theta=\pi$ 时，$\rho=\dfrac{p}{2}$，所以曲线位于直线 $\rho\cos\theta=\dfrac{p}{2}$ 右侧.当 θ 在区间 $(0,2\pi)$ 中变化，得到整个抛物线.

如图 10.27,10.28,10.29 所示的各种位置的圆锥曲线的极坐标方程分别为

$$\rho=\frac{ep}{1+e\cos\theta}, \quad \rho=\frac{ep}{1-e\sin\theta}, \quad \rho=\frac{ep}{1+e\sin\theta}$$

这些推论都可仿定理 10.17 的证明推出，也可根据定理 10.17 的(10.17)应用极坐标轴转轴公式推出.

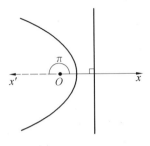

图 10.27

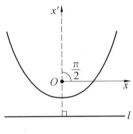

图 10.28

例　求证:若通过圆锥曲线同一焦点的两条焦点弦互相垂直,则它们的长度的倒数和是一个定值.

证明　如图 10.30 建立极坐标系,设圆锥曲线的极坐标方程为

$$\rho = \frac{ep}{1 - e\cos\theta}$$

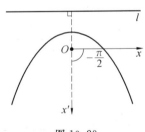

图 10.29

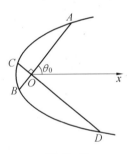

图 10.30

设 AB,CD 是通过焦点 O 的两条互相垂直的焦点弦,点 A 的极角 $\theta_0 = \angle xOA$,则极径 $\rho_0 > 0$,所以

$$|OA| = \rho_0 = \frac{ep}{1 - e\cos\theta_0}$$

点 B 的极角为 $\theta_0 + \pi$,它的极径为正,所以

$$|OB| = \frac{ep}{1 - e\cos(\theta_0 + \pi)} = \frac{ep}{1 + e\cos\theta_0}$$

所以

$$|AB| = |OA| + |OB|$$

$$= \frac{ep}{1 - e\cos\theta_0} + \frac{ep}{1 + e\cos\theta_0}$$

$$= \frac{2ep}{1 - e^2\cos^2\theta_0}$$

97

C 的极角为 $\theta_0 + \dfrac{\pi}{2}$，$D$ 的极角为 $\theta_0 + \dfrac{3\pi}{2}$，用和上面相同的方法可以求得

$$|CD| = \frac{2ep}{1 - e^2\sin^2\theta_0}$$

所以

$$\frac{1}{|AB|} + \frac{1}{|CD|} = \frac{1 - e^2\cos^2\theta_0}{2ep} + \frac{1 - e^2\sin^2\theta_0}{2ep}$$

$$= \frac{2 - e^2}{2ep} = 定值$$

10.6 尼哥米得蚌线与帕斯卡蚶线

定义 设 C 是一条已知曲线，O 是一个定点，通过 O 作直线和曲线 C 相交于点 P，在这直线上点 P 的两侧各取一点 M，使 $|PM|$ 总等于某个定长 $a(a > 0)$，那么，这种点 M 的轨迹叫作已知曲线 C 关于已知点 O 的蚌线（或螺形线）. 曲线 C 叫作蚌线的基线，定点 O 叫作蚌线的极点，定长 a 叫作蚌线的间隔.

下面我们讨论两种蚌线：以直线为基线的尼哥米得蚌线和以圆为基线的帕斯卡蚶线.

10.6.1 尼哥米得[①]蚌线

定义 设 l 是平面上的一条定直线，O 是平面上不位于 l 上的一个定点，那么，l 关于点 O 的蚌线叫作尼哥米得蚌线，简称蚌线.

1.蚌线的形状

由蚌线的定义，不难描绘出蚌线. 由于极点 O 与基线 l 的距离 h 与间隔 a 的大小关系不同，蚌线呈现三种不同的形状，见图 10.31.

2.蚌线的方程

如图 10.32，以蚌线的极点 O 为端点作与基线 l 垂直相交的射线 Ox，以点 O

---

① 尼哥米得(Nicomedes)，希腊数学家，生活于公元前 2 世纪，约在公元前 150 年发明了蚌线.

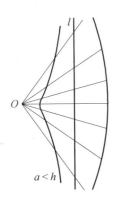

$$a < h \qquad\qquad a = h \qquad\qquad a > h$$

图 10.31

为极点,以 Ox 为极轴建立极坐标系. 设 O 和 l 的距离为 h, 间隔为 a, 点 M 的极坐标为 (ρ,θ), 那么, $|\ OP\ |=h\sec\theta$. 由于 $|\ OM\ |=|\ OP\ |\pm a$, 所以有

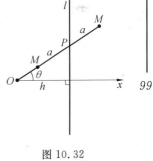

$$\rho = h\sec\theta \pm a \qquad (10.18)$$

这即是蚌线的极坐标方程.

但蚌线的极坐标方程还可以更简单一些, 事实上, (10.18) 可以拆成两个方程

$$\rho = h\sec\theta + a \qquad (10.19)$$

图 10.32

和

$$\rho = h\sec\theta - a \qquad\qquad (10.20)$$

而 (10.19) 和 (10.20) 表示相同的曲线, 即它们等价. 这是因为用 $-\rho, \theta+(2n+1)\pi$ 分别代替方程 (10.20) 中的 ρ,θ 就得到 (10.19), 所以 (10.20) 与 (10.19) 等价 (定理 10.7).

这样, 式 (10.18), (10.19), (10.20) 都是同一条蚌线的极坐标方程. 由于 (10.19) 比较简单, 所以通常以 (10.19) 为蚌线的极坐标方程.

定理 10.18　以蚌线的极点 O 为极点, 以与蚌线的基线 l 垂直相交的射线 Ox 为极轴建立极坐标系. 若蚌线的间隔为 a, 极点 O 与基线 l 的距离为 h, 则这蚌线的极坐标方程为

$$\rho = h\sec\theta + a$$

99

3. 蚌线 10.19 的基本性质

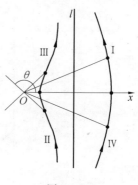

图 10.33

(1) **对称性**　只关于极轴对称.

(2) **周期性**　周期为 2π. 如图 10.33,当 θ 从 0 增到 $\frac{\pi}{2}$ 时,得到蚌线在基线 l 右侧的上一部分（Ⅰ）,当 θ 从 $\frac{\pi}{2}$（但不取 $\frac{\pi}{2}$）增到 π 时,得到蚌线在 l 左侧的下一部分（Ⅱ）,当 θ 从 π 增向 $\frac{3\pi}{2}$ 时,得到蚌线在 l 左侧的上一部分（Ⅲ）,当 θ 从 $\frac{3\pi}{2}$（但不取 $\frac{3\pi}{2}$）增到 2π 时,得到蚌线在 l 右侧的下一部分（Ⅳ）.

(3) **存在范围**　因 $1\leqslant|\sec\theta|<+\infty$,所以 ρ 可无限增大,因而曲线可以无限延伸;当 $\theta\to\frac{\pi}{2}$,或 $\theta\to\frac{3\pi}{2}$ 时,曲线上、下无限延伸.

4. 利用蚌线解"三等分角问题"

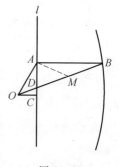

图 10.34

尼哥米得利用蚌线解决了"三等分角问题". 如图 10.34,在已知锐角 $\angle AOC$ 的边 OA 上任取一点 A,通过 A 作直线 l 与边 OC 垂直于点 C. 以 O 为极点,以直线 l 为基线,作间隔为 $2|OA|$ 的蚌线. 通过 A 作 OC 的平行线和蚌线相交于一点 B,这 B 与 O 位于 l 异侧,联结 OB,则 OB 是 $\angle AOC$ 的一条三等分线,即

$$\angle BOC=\frac{1}{3}\angle AOC$$

证明　设 OB 和 AC 相交于点 D,则由作法可知,$|DB|=2|OA|$. 取线段 DB 的中点 M,联结线段 AM,则

$$|AM|=\frac{1}{2}|DB|$$

所以

$$|AM|=|OA|$$

所以
$$\angle AOB = \angle AMO = 2\angle B = 2\angle BOC$$
从而
$$\angle BOC = \frac{1}{3}\angle AOC$$

10.6.2　帕斯卡[①]蚶线

定义　设 C 是平面上的一个定圆, O 是位于定圆 C 上的一个定点, 那么, 圆 C 关于点 O 的蚌线叫作帕斯卡蚶线(或蜗线), 简称蚶线.

1. 蚶线的形状

由蚶线的定义, 不难描绘出蚶线, 由于定圆 C 的直径 h 与间隔 a 的大小关系不同, 蚶线呈现三种不同的形状, 如图 10.35. 当 $a = h$ 时, 这种特殊的蚶线也叫作心脏线.

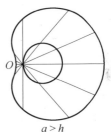

$a < h$　　$a = h$　　$a > h$

图 10.35

2. 蚶线的方程

如图 10.36, 以蚶线的极点 O 为端点, 通过基线圆的圆心作射线 Ox, 以点 O 为极点, 以 Ox 为极轴建立极坐标系. 设基线圆的直径为 h, 蚶线的间隔为 a, 蚶线上任意一点 M 的极坐标为 (ρ, θ), 那么, $|OP| = h\cos\theta$. 由于 $|OM| =$

---

①　埃廷内·帕斯卡(Etienne Pascal, 1588—1640), 法国数学家, 蚶线发明人.

| OP |$\pm a$,所以有

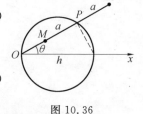

$$\rho = h\cos\theta \pm a \qquad (10.21)$$

这即是蚶线的极坐标方程.

和蚌线的情形一样

$$\rho = h\cos\theta + a \qquad (10.22)$$

和

$$\rho = h\cos\theta - a \qquad (10.23)$$

图 10.36

也都是同一蚶线的极坐标方程.通常以(10.22)为蚶线的极坐标方程.

定理 10.19　以蚶线的极点 O 为极点,以通过基线圆的圆心的射线 Ox 为极轴建立坐标系.若蚶线的基线圆的直径为 h,间隔为 a,则这蚶线的极坐标方程为

$$\rho = h\cos\theta + a$$

特别地,心脏线的极坐标方程为 $\rho = a(1 + \cos\theta)$.

102

3.蚶线(10.22) 的基本性质

(1) **对称性**　只关于极轴对称.

(2) **周期性**　周期为 2π,如图 10.37,当 θ 由 0 增大到 π 时,得到蚶线的上半部(当 $a < h$ 时,有一小部分在极轴下侧);当 θ 由 π 增大到 2π 时,得到蚶线的下半部(当 $a < h$ 时,有一小部分在极轴下侧);当 θ 由 π 增大到 2π 时,得到蚶线的下半部(当 $a < h$ 时,有一小部分在极轴上侧).

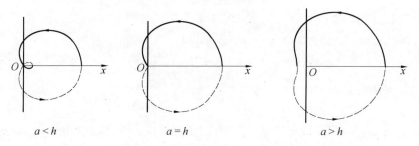

图 10.37

(3) **存在范围**　因 $|\cos\theta| \leqslant 1$,所以 ρ 不能无限增大,所以蚶线囿于一有限范围内.

10.7　几种螺线

10.7.1　阿基米得[①]螺线

1. 定义

如图 10.38,设 AOA' 是平面上通过定点 O 的一条直线,M_0 是这直线上的一个定点(它可以重合于 O,也可以不重合于 O). 当直线 AOA' 绕点 O 按某一方向作等角速度旋转时,动点 M 同时从 M_0 的位置在直线 AOA' 上按射线 OA 的方向作等速运动;当直线 AOA' 绕点 O 按相反方向作等角速度旋转时,动点 M 同时从 M_0 的位置在直线 AOA' 上按射线 OA' 的方向作等速运动,那么,点 M 的轨迹叫作阿基米得螺线(或等速螺线).

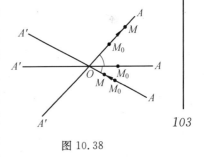

图 10.38

103

2. 方程

在上述定义中,以定点 O 为极点,以射线 OA 的初始位置 Ox 为极轴建立极坐标系. 如图 10.39,设直线 AOA' 按逆时针方向以等角速度 ω 绕点 O 旋转时,点 M 从定点 M_0 开始按 $\overline{OA}$ 的方向以等速 v 运动. 设 M_0 与 O 的距离为 ρ_0,经过时间 t,点 M 移动到圆 10.39 中 M 的位置. 设 M 的极坐标为 (ρ,θ),那么

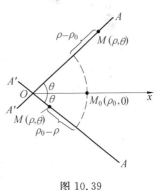

图 10.39

---

①　阿基米得(Archimedes,公元前 287—212),希腊数学家、力学家. 在他的著作《论螺线》中研究了这种螺线.

$$\begin{cases} \rho - \rho_0 = vt \\ \theta = \omega t \end{cases}$$

从这两个等式消去 t，就得到 ρ 和 θ 的关系式

$$\rho = \frac{v}{\omega}\theta + \rho_0$$

设直线 AOA' 按顺时针方向以等角速度 ω 绕点 O 旋转时，点 M 从定点 M_0 开始按 $\overline{OA'}$ 的方向以等速 v 运动，经过时间 t，点 M 移动到图 10.39 中点 M 的位置。设 M 的极坐标为 (ρ,θ)，则

$$\begin{cases} \rho_0 - \rho = vt \\ \theta = -\omega t \end{cases}$$

从这两个等式消去 t，也得

$$\rho = \frac{v}{\omega}\theta + \rho_0$$

令 a 表示常数 $\dfrac{v}{\omega}$，则阿基米得螺线的极坐标方程为

104

$$\rho = a\theta + \rho_0 \quad (a > 0, \rho_0 \geqslant 0) \tag{10.24}$$

特别地，当 M_0 重合于 O 时，$\rho_0 = 0$，则阿基米得螺线的极坐标方程为

$$\rho = a\theta \tag{10.25}$$

在(10.24)或(10.25)中，如果 a 是负数，ρ_0 为任意实数，仍然是阿基米得螺线，仅是位置上有变化。所以阿基米得螺线也可定义如下。

定义　在极坐标系中，形如

$$\rho = a\theta + \rho_0 \quad (a \neq 0)$$

的极坐标方程所表示的曲线，叫作阿基米得螺线。

又由于 $\rho = a\theta + \rho_0$ 与 $\rho = a\theta (a \neq 0)$ 所表示的曲线只是在极坐标系中位置不同，因此阿基米得螺线又可定义如下。

定义　在极坐标系中，形如

$$\rho = a\theta \quad (a \neq 0)$$

的极坐标方程所表示的曲线叫作阿基米得螺线。或在极坐标系中，极半径和极角成正比例的点的轨迹叫作阿基米得螺线。

3. 阿基米得螺线 $\rho = a\theta (a > 0)$ 的基本性质

(1) 对称性　只关于极垂线对称。

（2）周期性　不存在周期.

（3）存在范围　因 $|\rho|$ 的值可以无穷大，所以曲线无限延伸.

（4）从极点 O 引射线与 $\rho=a\theta$ 的 $\theta \geqslant 0$ 的部分依次相交于点 $M_1, M_2,$ $M_3, \cdots,$ 则 $|M_1 M_2| = |M_2 M_3| = \cdots = 2a\pi.$

4.阿基米得螺线的图形

为研究阿基米得螺线的图形，我们首先研究最简单的情形，即 $a>0$，并且 $\rho_0=0$ 的情形，这时螺线的方程为 $\rho=a\theta(a>0)$. 因为清楚了 $\rho=a\theta$ 的图形，一般螺线 $\rho=a\theta+\rho_0$ 的图形就可以清楚了.

现在我们描绘 $\rho=a\theta(a>0)$. 首先用描点法描出这螺线的 $\theta \geqslant 0$ 的部分. 由于 $\rho=a\theta(a>0)$ 关于极垂线对称，利用这种对称性就可以描出这螺线的 $\theta \leqslant 0$ 的部分. 图 10.40 中的实线部分是 $\theta \geqslant 0$ 的部分，虚线部分是 $\theta \leqslant 0$ 的部分，这两部分合在一起就是整个的阿基米得螺线.

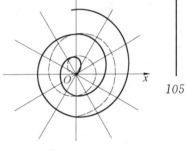

图 10.40

其次考虑阿基米得螺线 $\rho=-a\theta(a>0)$（也叫作反阿基米得螺线）的图形. 为此，来比较

$$\rho=-a\theta \quad 与 \quad \rho=a\theta$$

的图形. 设 M_0 是 $\rho=-a\theta$ 上的任意一点，它的坐标 (ρ_0, θ_0) 满足这螺线的方程，即 $\rho_0=-a\theta_0$. 这个等式可改写为

$$\rho_0=a(-\theta_0)$$

这个等式表明 $M_0'(\rho_0, -\theta_0)$ 是螺线 $\rho=a\theta$ 上的点，而 $M_0(\rho_0, \theta_0)$ 与 $M_0'(\rho_0, -\theta_0)$ 关于极轴对称，这即是说，$\rho=-a\theta$ 上每个点关于极轴的对称点必在 $\rho=a\theta$. 同样，反过来也成立，所以 $\rho=-a\theta$ 与 $\rho=a\theta$ 关于极轴对称（图 10.41）.

最后考虑 $\rho=a\theta+\rho_0(a \neq 0, \rho_0 \neq 0)$ 的图形. 例如，考虑 $\rho=2\theta+4$ 的图形. 把 $\rho=2\theta+4$ 改写为 $\rho=2(\theta+2)$. 旋转极轴，设螺线上的点 (ρ, θ) 在新极坐标系中的极坐标为 (ρ', θ')，令

$$\rho'=\rho, \quad \theta'=\theta+2$$

即

$$\rho=\rho', \quad \theta=\theta'+(-2)$$

这即是说，令旋转角为 -2（弧度），则原螺线在新极坐标系中的新方程为

$$\rho'=2\theta'$$

因此,在新极坐标系中作出 $\rho'=2\theta'$ 的图形,这即是原极坐标系中的 $\rho=2\theta+4$ 的图形(图 10.42).

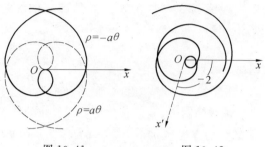

图 10.41　　　　　　　图 10.42

4.利用阿基米得螺线解"方圆问题"

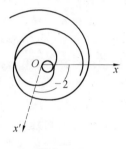

图 10.43

阿基米得利用阿基米得螺线解决了"方圆问题". 设已知圆的半径为 a,作一个正方形,令它的面积等于圆面积 πa^2,如图 10.43,在平面上建立极坐标系. 在这极坐标系中作出阿基米得螺线

$$\rho=a\theta \quad (a>0 \text{ 为已知圆的半径})$$

$\theta\geqslant 0$ 的部分. 作射线 OP,使 $\measuredangle xOP=\dfrac{\pi}{2}$. 设 OP 与螺线的第一圈相交于点 P,则

$$OP=\rho=\dfrac{\pi a}{2}. \text{ 设所求正方形的一边为 } x,\text{则}$$

$$\text{正方形的面积 } x^2=\pi a^2=\left(\dfrac{\pi}{2}a\right)\cdot 2a$$

这个等式表明所求正方形的一边为线段 $OP\left(\dfrac{\pi}{2}a\right)$ 与已知圆的直径$(2a)$的比例中项. 这就得到方圆问题的解法.

注　立方倍积问题、三等分角问题、方圆问题,合称古希腊几何作图三大问题,它们都是"尺规作图不能问题".

10.7.2　双曲螺线

1.定义

在极坐标系中,极径和极角成反比例的点的轨迹叫作双曲螺线(倒数螺线).

2. 方程

由双曲螺线的定义可知, 双曲螺线的极坐标方程为

$$\rho\theta = a \quad (a \neq 0 \ \text{的常数}) \tag{10.26}$$

以极点为原点, 以极轴为横轴的正半轴建立直角坐标系, 由于 $x = \rho\cos\theta$, $y = \rho\sin\theta$, 又由 $\rho = \dfrac{a}{\theta}$, 这就得到直角坐标系中双曲螺线的参数方程

$$\begin{cases} x = \dfrac{a\cos\theta}{\theta} \\[2mm] y = \dfrac{a\sin\theta}{\theta} \end{cases} \quad (\theta \ \text{为参数})$$

3. 双曲螺线 $\rho\theta = a\,(a > 0)$ 的基本性质

(1) 对称性 用 $-\rho$, $-\theta$ 代替方程中的 ρ, θ, 方程不变, 所以双曲螺线关于极垂线对称. 容易验证, 它关于极轴、极点都不对称.

(2) 周期性 不存在.

(3) 存在范围 因 $|\rho|$ 的值可以无穷大, 所以曲线无限延伸.

(4) 渐近点与渐近线 当 θ 的绝对值由小趋向无穷大时, 则 ρ 的绝对值就逐渐减小而逐向于 0, 这就是说, 双曲螺线绕极点无限旋转, 双曲螺线上的点与极点的距离趋近于 0(这里达不到 0), 所以极点是双曲螺线的渐近点. 如果 θ 的绝对值趋向于零, 则 ρ 的绝对就趋向无穷大, 因此双曲螺线向无穷远延伸. 另外

$$\lim_{\theta \to 0} x = \lim_{\theta \to 0} \frac{a\cos\theta}{\theta} = \infty$$

$$\lim_{\theta \to 0} y = \lim_{\theta \to 0} \frac{a\sin\theta}{\theta} = a \quad \left(\text{因} \lim_{\theta \to 0} \frac{\sin\theta}{\theta} = 1 \right)$$

这就是说, 双曲螺线上的点沿螺线向右或向左无穷远离时, 螺线上的点就无限地接近于直线 $y = a$, 所以 $y = a$ 是双曲螺线 $\rho\theta = a$ 的一条渐近线.

4. 双曲螺线 $\rho\theta = a$ 的图形

(1) 当 $a > 0$ 时, 用描点法先描出它的 $\theta > 0$ 的部分. $\theta < 0$ 的部分可由它的对称性描出(图 10.44).

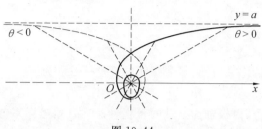

图 10.44

（2）当常数 $a < 0$ 时，这时的双曲螺线也叫作反双曲螺线. 反双曲螺线 $\rho\theta = -a$ 与双曲螺线 $\rho\theta = a(a > 0)$ 关于极点对称. 这是因为，若 M 是 $\rho\theta = a$ 上的任意一点，则 M 至少有一组坐标 (ρ_0, θ_0) 满足这双曲螺线的方程，即 $\rho_0\theta_0 = a$，由此就得

$$(-\rho_0)\theta_0 = -a$$

这个等式说明 $M'(-\rho_0, \theta_0)$ 是双曲螺线 $\rho\theta = -a$ 上的一点，而 $M(\rho_0, \theta_0)$ 和 $M'(-\rho_0, \theta_0)$ 关于极点对称. 这就证明了 $\rho\theta = a$ 上的每个点关于极点的对称点必在 $\rho\theta = -a$ 上. 反过来也成立，所以 $\rho\theta = -a$ 与 $\rho\theta = a$ 关于极点对称，$\rho\theta = -a$ 与 $\rho\theta = a$ 是全等的，只是它们在平面上与极轴的相关位置不同(图 10.45).

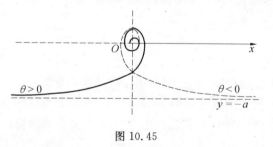

图 10.45

10.7.3　对数螺线

1.定义与方程

在极坐标系中，如果一个动点的极径 ρ 与极角 θ 符合关系

$$\rho = ma^{k\theta} \quad \left(即 \log_a \frac{\rho}{m} = k\theta\right)$$

这里 a 是大于 1 的常数，m 和 k 是不等于 0 的常数，则这动点的轨迹叫作对数螺

线(或等角螺线).

系数 m 对于对数螺线本身的性质没有什么影响,为讨论问题方便,可令 $m=1$,这时对数螺线的方程变为

$$\rho = a^{k\theta} \quad (\text{即 } \log_a\rho = k\theta)$$

这里 a 是大于 1 的常数,k 是不等于 0 的常数.因此通常也把对数螺线的定义规定如下.

定义　在极坐标系中,如果一个动点的极径 ρ 的对数与极角 θ 成正比例,则这动点的轨迹叫作对数螺线.

如以 10 或以 e 为底,则对数螺线的方程为

$$\lg \rho = k\theta \quad (\text{即 } \rho = 10^{k\theta})$$

或

$$\ln \rho = k\theta \quad (\text{即 } \rho = \mathrm{e}^{k\theta})$$

以下只讨论 $k > 0$ 的情形($\rho = a^{k\theta}$ 的图形与 $\rho = a^{-k\theta}$ 的图形关于极轴对称).

2. 对数螺线 $\rho = a^{k\theta}(k>0)$ 的基本性质

109

(1) 对称性　关于极轴、极垂线、极点都不对称.

(2) 周期性　没有周期.

(3) 存在范围　因为 $k>0$,并且 $a>1$,所以 θ 的值越大,ρ 的值越大,并且 θ 的值无限增大时,ρ 的值也无限增大,所以这对数螺线向无穷远延伸.当 $\theta < 0$ 时,θ 的值越小(即其绝对值越大),ρ 的值越小,并且逼近于 0,但 ρ 的值总大于 0,所以螺线绕极点无限旋转,但不能通过极点,所以极点是它的渐近点.

(4) 对数螺线的一个重要性质

定理 10.20　在极坐标系中,若 M_1 和 M_3 是对数螺线上的两点,作 $\angle M_1OM_3$ 的平分线 OM_2,在这角平分线上取一点 M_2,使 OM_2 为 OM_1 与 OM_3 的比例中项,那么,M_2 也是这螺线上的一点.

证明　设点 M_1 和 M_3 的坐标(ρ_1,θ_1) 和(ρ_3,θ_3) 满足对数螺数的方程,即

$$\log_a\rho_1 = k\theta_1, \quad \log_a\rho_3 = k\theta_3$$

把这两个等式左右各相加,得

$$\log_a\rho_1 + \log_a\rho_3 = k(\theta_1 + \theta_3)$$

即

$$\log_a\rho_1\rho_3 = k(\theta_1 + \theta_3)$$

两端各乘以 1/2,得

$$\frac{1}{2}\log_a \rho_1 \rho_3 = \frac{1}{2}k(\theta_1 + \theta_3)$$

即

$$\log_a \sqrt{\rho_1 \rho_3} = k\left(\frac{\theta_1 + \theta_3}{2}\right)$$

由点 M_2 的作法可知它的坐标为 $\left(\sqrt{\rho_1 \rho_3}, \dfrac{\theta_1 + \theta_3}{2}\right)$,而上面这个等式恰好说明点 M_2 的坐标满足螺线方程 $\log_a \rho = k\theta$,所以 M_2 是这螺线上一点,这就证明了本定理(图 10.46).

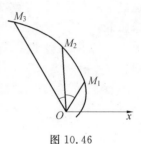

图 10.46

3. 对数螺线的图形

对数螺线
$$\log_a \rho = k\theta \quad (k > 0, a > 1)$$

110 的图形可用描点法作出,如图 10.47 所示,实线是 $\theta > 0$ 的部分;虚线是 $\theta < 0$ 的部分.

对数螺线的图形,也可用应用定理 10.20 描绘.首先用计算坐标的方法作出螺线上的两个点 M_1 和 M_2,则这螺线上其他的一些点就容易用几何方法作出.方法如下:如图 10.48,Ox,OA_2,OA_3,OA_4,OA_5,$\cdots$,OA_{16} 十六等分周角.

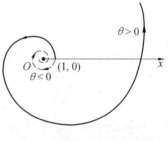

图 10.47

以 O 为极点,Ox 为极轴建立极坐标系.在 Ox 上取点 $M_1(1,0)$,在 OA_2 上取点 $M_2\left(a^{\frac{k\pi}{8}}, \dfrac{\pi}{8}\right)$,联结 $M_1 M_2$.从 M_2 引射线 $M_2 M_3$,使 $\angle OM_2 M_3 = \angle OM_1 M_2$,$M_2 M_3$ 与 OA_3 相交于点 M_3.从 M_3 引射线 $M_3 M_4$,使 $\angle OM_3 M_4 = \angle OM_2 M_3$,$M_3 M_4$ 与 OA_4 相交于点 M_4.依此类推,则 $M_1, M_2, M_3, M_4, \cdots$ 都是对数螺线上的点.

事实上,由作图可知三角形 $OM_1 M_2$ 与三角形 $OM_2 M_3$ 相似,所以 $|OM_1| : |OM_2| = |OM_2| : |OM_3|$,并且 OM_2 平分 $\angle M_1 OM_3$,而 M_1, M_2 都是对数螺线上的点,所以 M_3 也是对数螺线上的点.同理 $M_4, M_5, \cdots$ 也都是对数螺线上的点.同样作出极角为 $-\dfrac{\pi}{8}, -\dfrac{\pi}{4}, \cdots$ 的点.

用平滑曲线顺势联结以上作出的各点就得到对数螺线的大体形象.

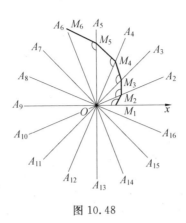

图 10.48

10.8　双纽线与玫瑰线

10.8.1　双纽线

1.定义

设 F_1 和 F_2 是平面上的两个定点,平面上到 F_1 与 F_2 距离的乘积等于定值的动点 M 的轨迹叫作卡西尼[①]卵形线,简称卵形线. 当定值等于 $\left(\dfrac{1}{2}\mid F_1F_2\mid\right)^2$,这时的卵形线也叫作伯努利[②]双纽线,简称双纽线,也叫作两叶(瓣)玫瑰线. F_1 和 F_2 叫作卵形线的焦点.

2.方程

设双纽线的两个焦点 F_1,F_2 的极坐标各为 $(-a,0),(a,0)(a>0)$,那么,由双纽线的定义,它的极坐标方程为

---

① 卡西尼(Giovanni Domenico Cassini,1625—1712)意大利数学家、天文学家.
② 雅科布・伯努利(Jakob Bernoulli,1654—1705)瑞士数学家.

$$\sqrt{\rho^2 + a^2 + 2a\rho\cos\theta} \cdot \sqrt{\rho^2 + a^2 - 2a\rho\cos\theta} = a^2$$

两端平方,化简得

$$\rho^4 = 2a^2\rho^2(2\cos^2\theta - 1)$$

两端消去 ρ^2,不影响它所表示的曲线(因这双纽线通过极点),所以双纽线的极坐标方程为

$$\rho^2 = 2a^2\cos 2\theta$$

双纽线的性质与图形参数 10.2.5 的 5. 中的例.

10.8.2 玫瑰线

1.定义

形如 $\rho = a\sin m\theta$ 或 $\rho = a\cos m\theta(a > 0, m$ 为非零实数) 的方程所表示的曲线叫作玫瑰线(或蔷薇线).

今讨论最简单的情形,即 m 为正整数的情形.

2. $\rho = a\sin m\theta$ 的基本性质与图形

(1) 当 m 为奇数时.

① 对称性　这类玫瑰线只关于极垂线对称.

② 周期性　这类玫瑰线的周期都是 π. 由于这类玫瑰线关于极垂线对称,而周期为 π,所以当 θ 由 0 变到 $\dfrac{\pi}{2}$,就得到曲线的一半,其余的一半可根据曲线的对称性描出.

③ 存在范围　曲线囿于圆 $\rho = a$ 内.

④ 曲线与极轴所在直线、极垂线的交点　当 $\theta = 0$(只考虑 $0 \leqslant \theta < \pi$) 时, $\rho = 0$,即曲线这时过极点.当 $\theta = \dfrac{\pi}{2}$ 时,若 $m = 1, 5, 9, \cdots$,则曲线与极垂线相交于点 $(a, \dfrac{\pi}{2})$,若 $m = 3, 7, 11, \cdots$,则曲线与极垂线相交于点 $(-a, \dfrac{\pi}{2})$.

⑤ 叶数问题　当 m 为奇数时,$\rho = a\sin m\theta$ 是一条 m 叶玫瑰线. 这是因为它的周期为 π,所以 θ 由 0 变到 π,就得到整个曲线,即 $m\theta$ 由 0 变到 $m\pi$,就得到整

个曲线. 当 $m\theta$ 由 0 经 $\frac{\pi}{2}$ 变到 π,ρ 由 0 经 a 回到 0,这就得到曲线的一叶(第一叶),当 $m\theta$ 由 π 经 $\frac{3\pi}{2}$ 变到 2π,ρ 由 0 经 $-a$ 回到 0,这就又得到曲线的一叶(第二叶). 当 $m\theta$ 由 2π 经 $\frac{5\pi}{2}$ 变到 3π,ρ 由 0 经 a 回到 0,这就又得到曲线的一叶(第三叶). ……,当 $m\theta$ 由 $(m-1)\pi$ 经 $(m-\frac{1}{2})\pi$ 到 $m\pi$,ρ 由 0 经 a 回到 0,这就又得到曲线的一叶(第 m 叶). 所以当 $m\theta$ 由 0 变到 $m\pi$ 时,一共得到 m 个叶,这就证明了以上的结论.

(2) 当 m 为偶数时.

① 对称性　这类玫瑰线关于极轴、极垂线及极点都对称.

② 周期性　这类玫瑰线的周期都是 2π. 由于这类玫瑰线关于极轴、极垂线及极点都对称,而周期为 2π,所以当 θ 由 0 变到 $\frac{\pi}{2}$,就得到曲线的四分之一,其余的部分可以根据曲线的对称性描出.

③ 存在范围　曲线囿于圆 $\rho=a$ 内.

④ 曲线与极轴所在直线、极垂线的交点　曲线与极轴所在直线及极垂线只相交于极点.

⑤ 叶数问题　当 m 为偶数时,$\rho=a\sin m\theta$ 是一条 $2m$ 叶玫瑰线. 理由同 m 为奇数的情形.

3. $\rho=a\cos m\theta$ 的基本性质与图形

$\rho=a\cos m\theta$ 的图形与 $\rho=a\sin m\theta$ 的图形是全等的,只是它们在极坐标平面上的位置不同. 事实上,$\rho=a\cos m\theta$ 可以改写为

$$\rho=a\sin m\left(\theta+\frac{\pi}{2m}\right)$$

旋转极轴,令 $\rho'=\rho,\theta'=\theta+\frac{\pi}{2m}$,即 $\rho=\rho',\theta=\theta'+\left(-\frac{\pi}{2m}\right)$,也就是,把极轴绕极点旋转 $-\frac{\pi}{2m}$,则曲线在新坐标系中的新方程为

$$\rho'=a\sin m\theta'$$

由此可见,$\rho=a\cos m\theta$ 的图形与 $\rho=a\sin m\theta$ 的图形是全等的. 因此知道,把极轴

绕极点旋转 $-\dfrac{\pi}{2m}$ 得到新坐标系,在这新坐标系中描出玫瑰线 $\rho'=a\sin m\theta'$,则它就是旧坐标系中的玫瑰线 $\rho=a\cos m\theta$.

例如,当 $m=2$ 时,把极轴绕极点旋转 $-\dfrac{\pi}{2\cdot2}=-\dfrac{\pi}{4}$,得到新坐标系,在这新坐标系中描出玫瑰线 $\rho'=a\sin 2\theta'$,这就是旧坐标系中的玫瑰线 $\rho=a\cos 2\theta$(图10.49).当 $m=3$ 时,把极轴绕极点旋转 $-\dfrac{\pi}{2\cdot3}=-\dfrac{\pi}{6}$,得到新坐标系,在这新坐标系中描出玫瑰线 $\rho'=a\sin 3\theta'$,它就是旧坐标系中的玫瑰线 $\rho=a\cos 3\theta$(图10.50).

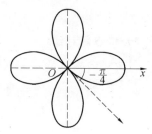

图 10.49

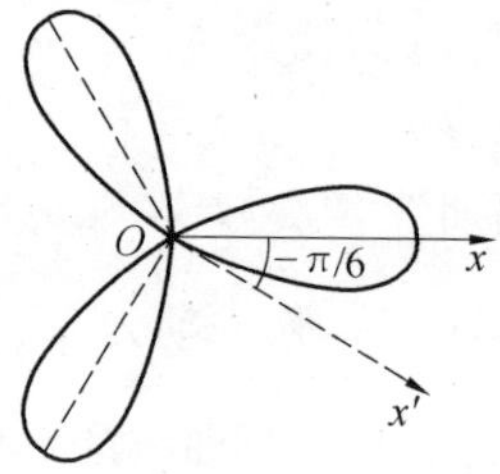

图 10.50

以上我们举的这些例,只是说明 $\rho=a\cos m\theta$ 与 $\rho=a\sin m\theta$ 之间的关系.要描绘玫瑰线 $\rho=a\cos m\theta$,固然可以采用以上的方法,但直接描绘更简便.

$\rho=a\cos m\theta$ 的基本性质如下:

(1) 当 m 为奇数时.

① 对称性   这类玫瑰线只关于极轴对称.

② 周期性   这类玫瑰线周期都是 π.

③ 存在范围   曲线圈于圆 $\rho=a$ 内.

④ 曲线与极轴所在直线、极垂线的交点   曲线与极轴相交于点 $(a,0)$,与极垂线相交于极点.

⑤ 叶数问题   当 m 为奇数时,$\rho=a\cos m\theta$ 为 m 叶玫瑰线.

(2) 当 m 为偶数时.

① 对称性   这类玫瑰线关于极轴、极垂线及极点都对称.

② 周期性   这类玫瑰线的周期都是 2π.

③ 存在范围   曲线圈于圆 $\rho=a$ 内.

④ 曲线与极轴所在直线、极垂线的交点   曲线与极轴所在直线相交于点 $(a,0),(a,\pi)$,与极垂线相交于点 $\left(a,\dfrac{\pi}{2}\right)$ 和 $\left(a,\dfrac{3\pi}{2}\right)$.

114

例 1　描绘(1)$\rho=a\sin\theta$;(2)$\rho=a\sin 3\theta$;(3)$\rho=a\sin 5\rho(a>0)$ 的曲线.

解　(1),(2),(3) 各是一叶、三叶、五叶玫瑰线,
它们的周期都是 π,并且都关于极垂线对称,所以 θ 的
值可由 0 到 $\frac{\pi}{2}$,计算出 ρ 和 θ 的一些对应值.描出相应
的点到曲线的一半后,再利用曲线关于极垂线的对称
性描绘出曲线的另一半而得到整个曲线(图中的虚线
部分是根据对称性描出的),三种曲线各见图 10.51 ～
图 10.53.

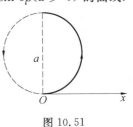

图 10.51

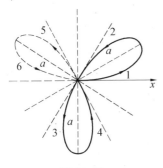

图 10.52

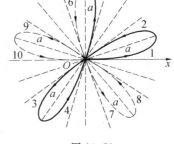

图 10.53

例 2　描绘(1)$\rho=a\cos 2\theta$;(2)$\rho=a\cos 4\theta(a>0)$ 的曲线.

解　(1),(2) 各是四叶、八叶玫瑰线,它们的周期都是 2π,并且都关于极
轴、极垂线对称,所以 θ 的值可由 0 到 $\frac{\pi}{2}$,计算出 ρ 和 θ 的一些对应值,描出相应
的点得到曲线的四分之一后,再利用曲线关于极轴、极垂线的对称性描出曲线
的其余部分而得到整个曲线(图中的虚线部分是根据对称性描出的).两种曲线
各见图 10.54,10.55.

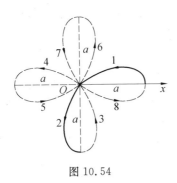

图 10.54

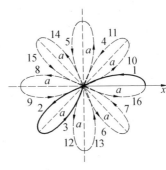

图 10.55

115

以上我们讨论了 m 是正整数的情形. 当 m 不是整数时,玫瑰线的形状更复杂,我们在 10.2.5 的 2.中介绍过一些.

例 3 一条长为 $2a$ 的线段 AB 的两端点 A 和 B 各在两垂直直线 Ox,Oy 上移动,从垂足 O 作 AB 的垂线 OM,M 为垂足.(1)若以 O 为极点,以射线 Ox 为极轴建立极坐标系,求动点 M 的轨迹的极坐标方程;(2)若以 Ox,Oy 各为横轴、纵轴建立直角坐标系,求动点 M 的轨迹的直角坐标方程,它是什么曲线?

解 (1)如图 10.56,当 AB 在第一、三象限内时,得

$$\rho = |OA| \cos\theta = 2a\sin\theta \cdot \cos\theta = a\sin 2\theta$$

当 AB 在第二、四象限内时,得 $\rho = -a\sin 2\theta$,但 $\rho = a\sin 2\theta$ 与 $\rho = -a\cos 2\theta$ 等价,所以点 M 的轨迹的极坐标方程为

$$\rho = a\sin 2\theta \qquad (10.27)$$

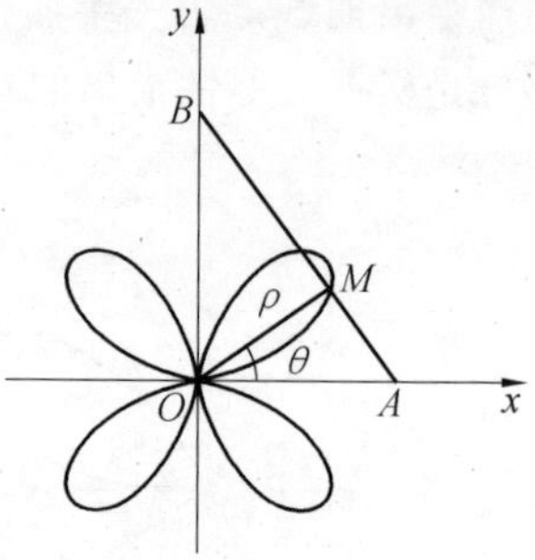

(2)如图 10.56,设 M 的直角坐标为 (X,Y),则 OM 的斜率为 Y/X,所以 AB 的斜率为 $-X/Y$,从而直线 AB 的直角坐标方程为 $y - Y = -\dfrac{X}{Y}(x - X)$. 它在 x 轴和 y 轴上的截距分别为 $\dfrac{X^2 + Y^2}{X}$ 和 $\dfrac{X^2 + Y^2}{Y}$. 因 $|AB| = 2a$,所以有

$$\left(\frac{X^2 + Y^2}{X}\right)^2 + \left(\frac{X^2 + Y^2}{Y}\right)^2 = 4a^2$$

由此得 M 的轨迹的直角坐标方程为

$$(X^2 + Y^2)^3 = 4a^2 X^2 Y^2$$

即

$$(x^2 + y^2)^3 = 4a^2 x^2 y^2 \qquad (10.28)$$

(10.27) 和 (10.28) 可互化,轨迹为四叶玫瑰线.

图 10.56

附录　　斜角坐标

1　斜角坐标

1.1　斜角坐标系

把直角坐标系稍加推广,就得到斜角坐标系.

定义　如果两条坐标轴 Ox 和 Oy 有共同原点 O;有相同的长度单位,这样确定的坐标系叫作平面上的笛卡儿斜角坐标系(简称斜角坐标系,见图 1).

图中的坐标轴 Ox 叫作横(坐标)轴,或 x 轴.另一条坐标轴 Oy 叫作纵(坐标)轴,或 y 轴. O 叫作(坐标)原点.这个坐标系记为 Oxy 或 $\{O;x,y\}$.

斜角坐标系也有右手系与左手系之分,意义与直角坐标系的右手系与左手系的意义相同,今后我们只用右手系.

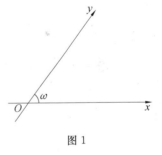

图 1

两条坐标轴把平面分成四部分,都叫作象限.四个象限的规定和直角坐标系中象限的规定相同.

两条坐标轴的正半轴之间的无向角叫作斜角坐标系的坐标角,常用字母 ω 表示. ω 在 O 和 π 之间

$$0<\omega<\pi$$

显然,直角坐标系是斜角坐标系的特例.这两种坐标系统称笛卡儿坐标系.

1.2　平面上的点的斜角坐标

如图 2,设 M 是斜角坐标平面上的任意一点,通过 M 作 y 轴的平行线和 x 轴相交于点 P,通过 M 作 x 轴的平行线和 y 轴相交于点 Q.设点 P 对于 x 轴来

说的坐标为实数 x,点 Q 对于 y 轴来说的坐标为实数 y,则实数 x 叫作点 M 的横坐标,实数 y 叫作点 M 的纵坐标.有序实数偶 (x,y) 叫作点 M 对于斜角坐标系 Oxy 的斜角坐标,并且记为 $M(x,y)$.

点和它的斜角坐标互相唯一确定.

各象限内点的斜角坐标的正负和直角坐标系中的一样,不再详述.

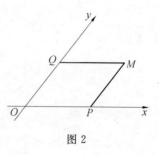

图 2

2　几个基本公式

2.1　直角坐标与斜角坐标的关系

定理1　设在平面上有一个直角坐标系 Oxy 和一个斜角坐标系 $O'x'y'$,它们有共同原点 O,有相同的长度单位,并且有向角 $\measuredangle xOx'=\theta$,$\measuredangle xOy'=\varphi$,则平面上一点 M 在 Oxy 中的直角坐标 (x,y) 和它在 $Ox'y'$ 中的斜角坐标 (x',y') 有以下的关系

$$\begin{cases}x=x'\cos\theta+y'\cos\varphi\\y=x'\sin\theta+y'\sin\varphi\end{cases}\tag{1}$$

证明　如图3,通过点 M 分别作 y 轴、y' 轴的平行线和 x 轴、x' 轴各相交于点 P,P';通过点 M 分别作 x 轴、x' 轴的平行线和 y 轴、y' 轴各相交于点 Q,Q'.作 $P'R$ 垂直 PM 于点 R,作 $P'P''$ 垂直 x 轴于点 P'',作 $Q'Q''$ 垂直 x 轴于点 Q'',则

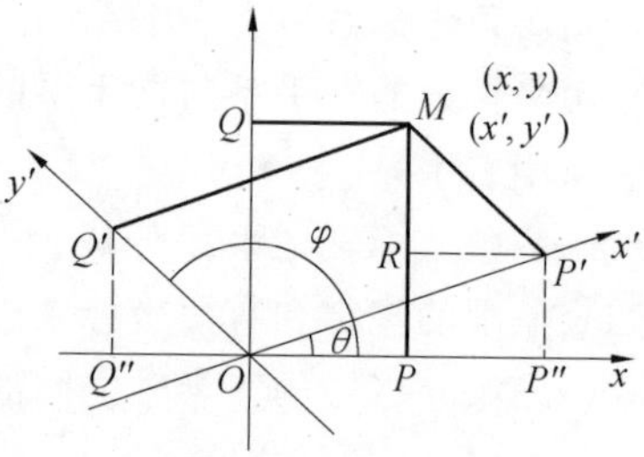

图 3

$$\begin{aligned}x&=OP=OP''-PP''=OP''-RP'\\&=OP''+OQ''=OP'\cos\theta+OQ'\cos\varphi\\&=x'\cos\theta+y'\cos\varphi\end{aligned}$$

$$\begin{aligned}y&=OQ=PM=PR+RM=P''P'+Q''Q'\\&=OP'\sin\theta+OQ'\sin\varphi\\&=x'\sin\theta+y'\sin\varphi\end{aligned}$$

推论1　当 $\measuredangle xOx'=\theta$,$\varphi=\theta+\dfrac{\pi}{2}$ 时,即将直角坐标系 Oxy 绕原点旋转角

度 θ 时,这时变换公式(1)变为定理 8.8 中的式(8.16).

推论 2 当 $\theta=0$ 时,即横轴不动,纵轴绕原点旋转某一角度,得 y' 轴,设 $\angle xOy'=\omega(0<\omega<\pi)$,这时公式(1)变为

$$\begin{cases} x=x'+y'\cos\omega \\ y=y'\sin\omega \end{cases} \tag{2}$$

即若直角坐标系 Oxy 和斜角坐标系 Oxy' 有共同原点 O,有共同横轴,有相同的长度单位,斜角坐标系的坐标角为 ω,则平面上一点 M 在 Oxy 中的坐标 (x,y) 和它在 Oxy' 中的坐标 (x',y') 有关系式(2).

2.2　两点间的距离

定理 2 设斜角坐标系的坐标角为 ω,那么,两点 $A(x_1,y_1)$ 和 $B(x_2,y_2)$ 间的距离

$$|AB|=\sqrt{(x_1-x_2)^2+(y_1-y_2)^2+2(x_1-x_2)(y_1-y_2)\cos\omega} \tag{3}$$

证明 **证法一** 分以下几种情形:

119

(1) 如图 4(a).通过 A,B 各作 y 轴的平行线与 x 轴各相交于点 P,Q;通过 A,B 各作 x 轴的平行线与 y 轴各相交于点 M,N,并且 AP 与 BN 相交于点 C. 在 AB 与辅助线形成的三角形 ABC 中,AB 的对角 $\angle ACB=\omega$. 在三角形 ABC 中,应用余弦定理,得

$$\begin{aligned} |AB|^2 &= |CB|^2+|CA|^2-2|CB|\cdot|CA|\cos\angle ACB \\ &= |PQ|^2+|MN|^2-2|PQ|\cdot|MN|\cos\angle ACB \\ &= (x_1-x_2)^2+(y_1-y_2)^2-2(x_2-x_1)(y_1-y_2)\cos\omega \\ &= (x_1-x_2)^2+(y_1-y_2)^2+2(x_2-x_1)(y_1-y_2)\cos\omega \end{aligned}$$

所以

$$|AB|=\sqrt{(x_1-x_2)^2+(y_1-y_2)^2+2(x_1-x_2)(y_1-y_2)\cos\omega}$$

(2) 如图 4(b).如上加辅助线,在 AB 与辅助线形成的三角形 ABC 中,AB 的对角 $\angle ACB=\pi-\omega$. 仿情形(1)可证在这种情形下定理仍然成立.

(3) 当 $AB\parallel x$ 轴时,定理显然成立.

(4) 当 $AB\parallel y$ 轴时,定理显然成立.

(5) 当 A 与 B 重合时,定理显然成立.

证法二 以斜角坐标 Oxy 的原点 O 为原点,以横轴 Ox 为横轴建立直角坐标系 Oxy'. 设点 $A(x_1,y_1)$ 的直角坐标为 (X_1,Y_1),点 $B(x_2,y_2)$ 的直角坐标为

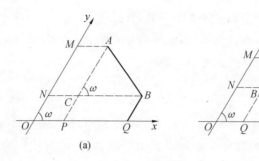

图 4

(X_2, Y_2)，则由变换公式(2) 得

$$X_1 = x_1 + y_1 \cos \omega, \quad Y_1 = y_1 \sin \omega$$

$$X_2 = x_2 + y_2 \cos \omega, \quad Y_2 = y_2 \sin \omega$$

所以

$$|AB| = \sqrt{(X_1 - X_2)^2 + (Y_1 - Y_2)^2}$$

$$= \sqrt{[(x_1 + y_1 \cos \omega) - (x_2 + y_2 \cos \omega)]^2 + (y_1 \sin \omega - y_2 \sin \omega)^2}$$

$$= \sqrt{[(x_1 - x_2) + (y_1 - y_2) \cos \omega]^2 + [(y_1 - y_2) \sin \omega]^2}$$

$$= \sqrt{(x_1 - x_2)^2 + (y_1 - y_2)^2 + 2(x_1 - x_2)(y_1 - y_2) \cos \omega}$$

推论　在坐标角为 ω 的斜角坐标系中，点 $M(x, y)$ 和原点 O 的距离

$$|OM| = \sqrt{x^2 + y^2 + 2xy \cos \omega} \tag{4}$$

2.3　线段的定比分点

直角坐标系中线段的定比分点的坐标公式在斜角坐标系中仍然成立，即有以下的定理.

定理 3　在斜角坐标系中，有向线段 $\overline{AB}$ 的起点 A 和终点 B 的坐标分别为 (x_1, y_1) 和 (x_2, y_2)，分点 M 对于有向线段 $\overline{AB}$ 的分割比为 λ，则分点 M 的坐标

$$\begin{cases} x = \dfrac{x_1 + \lambda x_2}{1 + \lambda} \\[2mm] y = \dfrac{y_1 + \lambda y_2}{1 + \lambda} \end{cases} \tag{5}$$

证明与定理 1.22 的证明相同.

推论　以点 $A(x_1, y_1)$ 和 $B(x_2, y_2)$ 为端点的线段中点的坐标为

$$\left(\frac{x_1 + x_2}{2}, \frac{y_1 + y_2}{2}\right) \tag{6}$$

2.4　三角形的面积

定理 4　在坐标角为 ω 的斜角坐标系中,以 $A(x_1, y_1), B(x_2, y_2), C(x_3, y_3)$ 为顶点的三角形的面积

$$S_{\triangle ABC} = \left| \frac{1}{2} \sin\omega \begin{vmatrix} x_1 & y_1 & 1 \\ x_2 & y_2 & 1 \\ x_3 & y_3 & 1 \end{vmatrix} \right| \tag{7}$$

证明　**证法一**　若顶点 A, B, C 按逆时针方向排列,如图 5 加辅助线,则

$$S_{\triangle ABC} = \frac{1}{2} bc \sin \angle BAC = \frac{1}{2} bc \sin(\alpha - \beta)$$

$$= \frac{1}{2}(bc \sin\alpha \cos\beta - bc \cos\alpha \sin\beta) \tag{8}$$

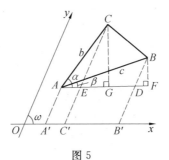

图 5

在三角形 ABD 中,应用正弦定理得

$$\frac{c}{\sin(\pi - \omega)} = \frac{y_2 - y_1}{\sin\beta}$$

由此得

$$c \sin\beta = (y_2 - y_1)\sin\omega \tag{9}$$

在三角形 ACE 中,应用正弦定理得

$$\frac{b}{\sin(\pi - \omega)} = \frac{y_3 - y_1}{\sin\alpha}$$

由此得

$$b \sin\alpha = (y_3 - y_1)\sin\omega \tag{10}$$

又

$$c\cos\beta = AD + DF = (x_2 - x_1) + (y_2 - y_1)\cos\omega \tag{11}$$

$$b\cos\alpha = AE + EG = (x_3 - x_1) + (y_3 - y_1)\cos\omega \tag{12}$$

把(9) ~ (12)代入(8),得

$$S_{\triangle ABC} = \frac{1}{2}(bc\sin\alpha\cos\beta - bc\cos\alpha\sin\beta)$$

$$= \frac{1}{2}\{(y_3 - y_1)\sin\omega \cdot [(x_2 - x_1) + (y_2 - y_1)\cos\omega] -$$

$$(y_2 - y_1)\sin\omega \cdot [(x_3 - x_1) + (y_3 - y_1)\cos\omega]\}$$

$$= \frac{1}{2}\sin\omega[(y_3 - y_1)(x_2 - x_1) + (y_3 - y_1)(y_2 - y_1)\cos\omega -$$

$$(y_2 - y_1)(x_3 - x_1) - (y_2 - y_1)(y_3 - y_1)\cos\omega]$$

$$= \frac{1}{2}\sin\omega[(y_3 - y_1)(x_2 - x_1) - (y_2 - y_1)(x_3 - x_1)]$$

$$= \frac{1}{2}\sin\omega(x_1 y_2 - x_2 y_1 + x_2 y_3 - x_3 y_2 + x_3 y_1 - x_1 y_3)$$

$$= \frac{1}{2}\sin\omega \begin{vmatrix} x_1 & y_1 & 1 \\ x_2 & y_2 & 1 \\ x_3 & y_3 & 1 \end{vmatrix}$$

若顶点 A, B, C 按顺时针方向排列,则有

$$S_{\triangle ABC} = -\frac{1}{2}\sin\omega \begin{vmatrix} x_1 & y_1 & 1 \\ x_2 & y_2 & 1 \\ x_3 & y_3 & 1 \end{vmatrix}$$

因此

$$S_{\triangle ABC} = \left| \frac{1}{2}\sin\omega \begin{vmatrix} x_1 & y_1 & 1 \\ x_2 & y_2 & 1 \\ x_3 & y_3 & 1 \end{vmatrix} \right|$$

证法二　以斜角坐标系 Oxy 的原点 O 为原点,以横轴 Ox 为横轴建立直角坐标系 Oxy',设三个顶点 A, B, C 的直角坐标依次为 $(X_1, Y_1), (X_2, Y_2), (X_3, Y_3)$,则由公式(2) 有

$$\begin{cases} X_1 = x_1 + y_1\cos\omega \\ Y_1 = y_1\sin\omega \end{cases}$$

$$\begin{cases} X_2 = x_2 + y_2\cos\omega \\ Y_2 = y_2\sin\omega \end{cases}$$

$$\begin{cases} X_3 = x_3 + y_3 \cos \omega \\ Y_3 = y_3 \sin \omega \end{cases}$$

所以三角形 ABC 的面积

$$S_{\triangle ABC} = \left| \frac{1}{2} \begin{vmatrix} X_1 & Y_1 & 1 \\ X_2 & Y_2 & 1 \\ X_3 & Y_3 & 1 \end{vmatrix} \right|$$

$$= \left| \frac{1}{2} \begin{vmatrix} x_1 + y_1 \cos \omega & y_1 \sin \omega & 1 \\ x_2 + y_2 \cos \omega & y_2 \sin \omega & 1 \\ x_3 + y_3 \cos \omega & y_3 \sin \omega & 1 \end{vmatrix} \right|$$

$$= \left| \frac{1}{2} \sin \omega \left\{ \begin{vmatrix} x_1 & y_1 & 1 \\ x_2 & y_2 & 1 \\ x_3 & y_3 & 1 \end{vmatrix} + \begin{vmatrix} y_1 \cos \omega & y_1 & 1 \\ y_2 \cos \omega & y_2 & 1 \\ y_3 \cos \omega & y_3 & 1 \end{vmatrix} \right\} \right|$$

$$= \left| \frac{1}{2} \sin \omega \begin{vmatrix} x_1 & y_1 & 1 \\ x_2 & y_2 & 1 \\ x_3 & y_3 & 1 \end{vmatrix} \right|$$

推论　在斜角坐标系中,三点 $A(x_1, y_1), B(x_2, y_2), C(x_3, y_3)$ 共线的充要条件为

$$\begin{vmatrix} x_1 & y_1 & 1 \\ x_2 & y_2 & 1 \\ x_3 & y_3 & 1 \end{vmatrix} = 0 \tag{13}$$

2.5　斜角坐标轴的平移和旋转

定理 5　平移斜角坐标轴,设新原点 O' 对于旧坐标系 Oxy 的坐标为 (x_0, y_0),则平面上任意点 M 的旧坐标 (x, y) 与新坐标 (x', y') 之间的关系为

$$\begin{cases} x = x' + x_0 \\ y = y' + y_0 \end{cases} \tag{14}$$

定理 6　若斜角坐标系 Oxy 的坐标角为 ω,把坐标轴旋转角度 θ,则平面上任意点 M 的旧坐标 (x, y) 与新坐标 (x', y') 之间的关系为

$$\begin{cases} x = \dfrac{x' \sin(\omega - \theta) - y' \sin \theta}{\sin \omega} \\ y = \dfrac{x' \sin \theta + y' \sin(\omega + \theta)}{\sin \omega} \end{cases} \tag{15}$$

证明 如图 6,作 MP 平行于 y 轴,与 x 轴相交于点 P,作 MH 垂直 x 轴于点 H. 作 MP' 平行于 y' 轴,与 x' 轴相交于点 P',作 MH' 垂直 x' 轴于点 H'. 设 $\mid OM \mid = p, \measuredangle x'OM = \alpha$,则显然有

$$p\sin(\alpha + \theta) = HM = PM\sin \omega = y\sin \omega$$

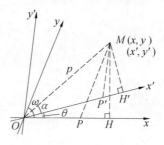

图 6

所以有

$$y = \frac{p\sin(\alpha + \theta)}{\sin \omega} = \frac{p\sin \alpha\cos \theta + p\cos \alpha\sin \theta}{\sin \omega}$$

$$= \frac{H'M\cos \theta + OH'\sin \theta}{\sin \omega}$$

$$= \frac{P'M\sin \omega \cdot \cos \theta + (OP' + P'H')\sin \theta}{\sin \omega}$$

$$= \frac{y'\sin \omega\cos \theta + x'\sin \theta + y'\cos \omega\sin \theta}{\sin \omega}$$

$$= \frac{x'\sin \theta + y'(\sin \omega\cos \theta + \cos \omega\sin \theta)}{\sin \omega}$$

$$= \frac{x'\sin \theta + y'\sin(\omega + \theta)}{\sin \omega}$$

$$x = OP = OH - PH = p\cos(\alpha + \theta) - PM\cos \omega$$

$$= p\cos \alpha\cos \theta - p\sin \alpha\sin \theta - y\cos \omega$$

$$= (OP' + P'H')\cos \theta - H'M\sin \theta - \frac{[x'\sin \theta + y'\sin(\omega + \theta)]\cos \omega}{\sin \omega}$$

$$= (x' + y'\cos \omega)\cos \theta - y'\sin \omega\sin \theta - \frac{[x'\sin \theta + y'\sin(\omega + \theta)]\cos \omega}{\sin \omega}$$

$$= [x'\sin \omega\cos \theta + y'\sin \omega\cos \omega\cos \theta - y'\sin^2 \omega\sin \theta - x'\cos \omega\sin \theta -$$

$$y'\sin(\omega + \theta)\cos \omega]/\sin \omega$$

$$= \frac{x'(\sin \omega\cos \theta - \cos \omega\sin \theta) - y'(\sin^2 \omega\sin \theta + \cos^2 \omega\sin \theta)}{\sin \omega}$$

$$= \frac{x'\sin(\omega - \theta) - y'\sin\theta}{\sin\omega}$$

当 $\omega = \dfrac{\pi}{2}$ 时,即对直角坐标来说,旋转公式变为

$$\begin{cases} x = x'\cos\theta - y'\sin\theta \\ y = x'\sin\theta + y'\cos\theta \end{cases}$$

这正是定理 8.8 中的式(8.16).

刘培杰数学工作室
已出版(即将出版)图书目录——初等数学

书　　名	出版时间	定　价	编号
新编中学数学解题方法全书(高中版)上卷(第2版)	2018—08	58.00	951
新编中学数学解题方法全书(高中版)中卷(第2版)	2018—08	68.00	952
新编中学数学解题方法全书(高中版)下卷(一)(第2版)	2018—08	58.00	953
新编中学数学解题方法全书(高中版)下卷(二)(第2版)	2018—08	58.00	954
新编中学数学解题方法全书(高中版)下卷(三)(第2版)	2018—08	68.00	955
新编中学数学解题方法全书(初中版)上卷	2008—01	28.00	29
新编中学数学解题方法全书(初中版)中卷	2010—07	38.00	75
新编中学数学解题方法全书(高考复习卷)	2010—01	48.00	67
新编中学数学解题方法全书(高考真题卷)	2010—01	38.00	62
新编中学数学解题方法全书(高考精华卷)	2011—03	68.00	118
新编平面解析几何解题方法全书(专题讲座卷)	2010—01	18.00	61
新编中学数学解题方法全书(自主招生卷)	2013—08	88.00	261
数学奥林匹克与数学文化(第一辑)	2006—05	48.00	4
数学奥林匹克与数学文化(第二辑)(竞赛卷)	2008—01	48.00	19
数学奥林匹克与数学文化(第二辑)(文化卷)	2008—07	58.00	36'
数学奥林匹克与数学文化(第三辑)(竞赛卷)	2010—01	48.00	59
数学奥林匹克与数学文化(第四辑)(竞赛卷)	2011—08	58.00	87
数学奥林匹克与数学文化(第五辑)	2015—06	98.00	370
世界著名平面几何经典著作钩沉——几何作图专题卷(共3卷)	2022—01	198.00	1460
世界著名平面几何经典著作钩沉(民国平面几何老课本)	2011—03	38.00	113
世界著名平面几何经典著作钩沉(建国初期平面三角老课本)	2015—08	38.00	507
世界著名解析几何经典著作钩沉——平面解析几何卷	2014—01	38.00	264
世界著名数论经典著作钩沉(算术卷)	2012—01	28.00	125
世界著名数学经典著作钩沉——立体几何卷	2011—02	28.00	88
世界著名三角学经典著作钩沉(平面三角卷Ⅰ)	2010—06	28.00	69
世界著名三角学经典著作钩沉(平面三角卷Ⅱ)	2011—01	38.00	78
世界著名初等数论经典著作钩沉(理论和实用算术卷)	2011—07	38.00	126
世界著名几何经典著作钩沉(解析几何卷)	2022—10	68.00	1564
发展你的空间想象力(第3版)	2021—01	98.00	1464
空间想象力进阶	2019—05	68.00	1062
走向国际数学奥林匹克的平面几何试题诠释.第1卷	2019—07	88.00	1043
走向国际数学奥林匹克的平面几何试题诠释.第2卷	2019—09	78.00	1044
走向国际数学奥林匹克的平面几何试题诠释.第3卷	2019—03	78.00	1045
走向国际数学奥林匹克的平面几何试题诠释.第4卷	2019—09	98.00	1046
平面几何证明方法全书	2007—08	35.00	1
平面几何证明方法全书习题解答(第2版)	2006—12	18.00	10
平面几何天天练上卷·基础篇(直线型)	2013—01	58.00	208
平面几何天天练中卷·基础篇(涉及圆)	2013—01	28.00	234
平面几何天天练下卷·提高篇	2013—01	58.00	237
平面几何专题研究	2013—07	98.00	258
平面几何解题之道.第1卷	2022—05	38.00	1494
几何学习题集	2020—10	48.00	1217
通过解题学习代数几何	2021—04	88.00	1301
圆锥曲线的奥秘	2022—06	88.00	1541

书　名	出版时间	定　价	编号
最新世界各国数学奥林匹克中的平面几何试题	2007—09	38.00	14
数学竞赛平面几何典型题及新颖解	2010—07	48.00	74
初等数学复习及研究(平面几何)	2008—09	68.00	38
初等数学复习及研究(立体几何)	2010—06	38.00	71
初等数学复习及研究(平面几何)习题解答	2009—01	58.00	42
几何学教程(平面几何卷)	2011—03	68.00	90
几何学教程(立体几何卷)	2011—07	68.00	130
几何变换与几何证题	2010—06	88.00	70
计算方法与几何证题	2011—06	28.00	129
立体几何技巧与方法(第2版)	2022—10	168.00	1572
几何瑰宝——平面几何500名题暨1500条定理(上、下)	2021—07	168.00	1358
三角形的解法与应用	2012—07	18.00	183
近代的三角形几何学	2012—07	48.00	184
一般折线几何学	2015—08	48.00	503
三角形的五心	2009—06	28.00	51
三角形的六心及其应用	2015—10	68.00	542
三角形趣谈	2012—08	28.00	212
解三角形	2014—01	28.00	265
探秘三角形:一次数学旅行	2021—10	68.00	1387
三角学专门教程	2014—09	28.00	387
图天下几何新题试卷.初中(第2版)	2017—11	58.00	855
圆锥曲线习题集(上册)	2013—06	68.00	255
圆锥曲线习题集(中册)	2015—01	78.00	434
圆锥曲线习题集(下册·第1卷)	2016—10	78.00	683
圆锥曲线习题集(下册·第2卷)	2018—01	98.00	853
圆锥曲线习题集(下册·第3卷)	2019—10	128.00	1113
圆锥曲线的思想方法	2021—08	48.00	1379
圆锥曲线的八个主要问题	2021—10	48.00	1415
论九点圆	2015—05	88.00	645
近代欧氏几何学	2012—03	48.00	162
罗巴切夫斯基几何学及几何基础概要	2012—07	28.00	188
罗巴切夫斯基几何学初步	2015—06	28.00	474
用三角、解析几何、复数、向量计算解数学竞赛几何题	2015—03	48.00	455
用解析法研究圆锥曲线的几何理论	2022—05	48.00	1495
美国中学几何教程	2015—04	88.00	458
三线坐标与三角形特征点	2015—04	98.00	460
坐标几何学基础.第1卷,笛卡儿坐标	2021—08	48.00	1398
坐标几何学基础.第2卷,三线坐标	2021—09	28.00	1399
平面解析几何方法与研究(第1卷)	2015—05	18.00	471
平面解析几何方法与研究(第2卷)	2015—06	18.00	472
平面解析几何方法与研究(第3卷)	2015—07	18.00	473
解析几何研究	2015—01	38.00	425
解析几何学教程.上	2016—01	38.00	574
解析几何学教程.下	2016—01	38.00	575
几何学基础	2016—01	58.00	581
初等几何研究	2015—02	58.00	444
十九和二十世纪欧氏几何学中的片段	2017—01	58.00	696
平面几何中考.高考.奥数一本通	2017—07	28.00	820
几何学简史	2017—08	28.00	833
四面体	2018—01	48.00	880
平面几何证明方法思路	2018—12	68.00	913
折纸中的几何练习	2022—09	48.00	1559
中学新几何学(英文)	2022—10	98.00	1562
线性代数与几何	2023—04	68.00	1633
四面体几何学引论	2023—06	68.00	1648

刘培杰数学工作室
已出版(即将出版)图书目录——初等数学

书　名	出版时间	定　价	编号
平面几何图形特性新析.上篇	2019—01	68.00	911
平面几何图形特性新析.下篇	2018—06	88.00	912
平面几何范例多解探究.上篇	2018—04	48.00	910
平面几何范例多解探究.下篇	2018—12	68.00	914
从分析解题过程学解题:竞赛中的几何问题研究	2018—07	68.00	946
从分析解题过程学解题:竞赛中的向量几何与不等式研究(全2册)	2019—06	138.00	1090
从分析解题过程学解题:竞赛中的不等式问题	2021—01	48.00	1249
二维、三维欧氏几何的对偶原理	2018—12	38.00	990
星形大观及闭折线论	2019—03	68.00	1020
立体几何的问题和方法	2019—11	58.00	1127
三角代换论	2021—05	58.00	1313
俄罗斯平面几何问题集	2009—08	88.00	55
俄罗斯立体几何问题集	2014—03	58.00	283
俄罗斯几何大师——沙雷金论数学及其他	2014—01	48.00	271
来自俄罗斯的5000道几何习题及解答	2011—03	58.00	89
俄罗斯初等数学问题集	2012—05	38.00	177
俄罗斯函数问题集	2011—03	38.00	103
俄罗斯组合分析问题集	2011—01	48.00	79
俄罗斯初等数学万题选——三角卷	2012—11	38.00	222
俄罗斯初等数学万题选——代数卷	2013—08	68.00	225
俄罗斯初等数学万题选——几何卷	2014—01	68.00	226
俄罗斯《量子》杂志数学征解问题100题选	2018—08	48.00	969
俄罗斯《量子》杂志数学征解问题又100题选	2018—08	48.00	970
俄罗斯《量子》杂志数学征解问题	2020—05	48.00	1138
463个俄罗斯几何老问题	2012—01	28.00	152
《量子》数学短文精粹	2018—09	38.00	972
用三角、解析几何等计算解来自俄罗斯的几何题	2019—11	88.00	1119
基谢廖夫平面几何	2022—01	48.00	1461
基谢廖夫立体几何	2023—04	48.00	1599
数学:代数、数学分析和几何(10—11年级)	2021—01	48.00	1250
直观几何学:5—6年级	2022—04	58.00	1508
几何学:第2版.7—9年级	2023—08	68.00	1684
平面几何:9—11年级	2022—10	48.00	1571
立体几何.10—11年级	2022—01	58.00	1472

谈谈素数	2011—03	18.00	91
平方和	2011—03	18.00	92
整数论	2011—05	38.00	120
从整数谈起	2015—10	28.00	538
数与多项式	2016—01	38.00	558
谈谈不定方程	2011—05	28.00	119
质数漫谈	2022—07	68.00	1529

解析不等式新论	2009—06	68.00	48
建立不等式的方法	2011—03	98.00	104
数学奥林匹克不等式研究(第2版)	2020—07	68.00	1181
不等式研究(第三辑)	2023—08	198.00	1673
不等式的秘密(第一卷)(第2版)	2014—02	38.00	286
不等式的秘密(第二卷)	2014—01	38.00	268
初等不等式的证明方法	2010—06	38.00	123
初等不等式的证明方法(第二版)	2014—11	38.00	407
不等式·理论·方法(基础卷)	2015—07	38.00	496
不等式·理论·方法(经典不等式卷)	2015—07	38.00	497
不等式·理论·方法(特殊类型不等式卷)	2015—07	48.00	498
不等式探究	2016—03	38.00	582
不等式探秘	2017—01	88.00	689
四面体不等式	2017—01	68.00	715
数学奥林匹克中常见重要不等式	2017—09	38.00	845

书　名	出版时间	定　价	编号
三正弦不等式	2018—09	98.00	974
函数方程与不等式:解法与稳定性结果	2019—04	68.00	1058
数学不等式.第1卷,对称多项式不等式	2022—05	78.00	1455
数学不等式.第2卷,对称有理不等式与对称无理不等式	2022—05	88.00	1456
数学不等式.第3卷,循环不等式与非循环不等式	2022—05	88.00	1457
数学不等式.第4卷,Jensen不等式的扩展与加细	2022—05	88.00	1458
数学不等式.第5卷,创建不等式与解不等式的其他方法	2022—05	88.00	1459
不定方程及其应用.上	2018—12	58.00	992
不定方程及其应用.中	2019—01	78.00	993
不定方程及其应用.下	2019—02	98.00	994
Nesbitt不等式加强式的研究	2022—06	128.00	1527
最值定理与分析不等式	2023—02	78.00	1567
一类积分不等式	2023—02	88.00	1579
邦费罗尼不等式及概率应用	2023—05	58.00	1637
同余理论	2012—05	38.00	163
[x]与{x}	2015—04	48.00	476
极值与最值.上卷	2015—06	28.00	486
极值与最值.中卷	2015—06	38.00	487
极值与最值.下卷	2015—06	28.00	488
整数的性质	2012—11	38.00	192
完全平方数及其应用	2015—08	78.00	506
多项式理论	2015—10	88.00	541
奇数、偶数、奇偶分析法	2018—01	98.00	876
历届美国中学生数学竞赛试题及解答(第一卷)1950—1954	2014—07	18.00	277
历届美国中学生数学竞赛试题及解答(第二卷)1955—1959	2014—04	18.00	278
历届美国中学生数学竞赛试题及解答(第三卷)1960—1964	2014—06	18.00	279
历届美国中学生数学竞赛试题及解答(第四卷)1965—1969	2014—04	28.00	280
历届美国中学生数学竞赛试题及解答(第五卷)1970—1972	2014—06	18.00	281
历届美国中学生数学竞赛试题及解答(第六卷)1973—1980	2017—07	18.00	768
历届美国中学生数学竞赛试题及解答(第七卷)1981—1986	2015—01	18.00	424
历届美国中学生数学竞赛试题及解答(第八卷)1987—1990	2017—05	18.00	769
历届国际数学奥林匹克试题集	2023—09	158.00	1701
历届中国数学奥林匹克试题集(第3版)	2021—10	58.00	1440
历届加拿大数学奥林匹克试题集	2012—08	38.00	215
历届美国数学奥林匹克试题集	2023—08	98.00	1681
历届波兰数学竞赛试题集.第1卷,1949~1963	2015—03	18.00	453
历届波兰数学竞赛试题集.第2卷,1964~1976	2015—03	18.00	454
历届巴尔干数学奥林匹克试题集	2015—05	38.00	466
保加利亚数学奥林匹克	2014—10	38.00	393
圣彼得堡数学奥林匹克试题集	2015—01	38.00	429
匈牙利奥林匹克数学竞赛题解.第1卷	2016—05	28.00	593
匈牙利奥林匹克数学竞赛题解.第2卷	2016—05	28.00	594
历届美国数学邀请赛试题集(第2版)	2017—10	78.00	851
普林斯顿大学数学竞赛	2016—06	38.00	669
亚太地区数学奥林匹克竞赛题	2015—07	18.00	492
日本历届(初级)广中杯数学竞赛试题及解答.第1卷(2000~2007)	2016—05	28.00	641
日本历届(初级)广中杯数学竞赛试题及解答.第2卷(2008~2015)	2016—05	38.00	642
越南数学奥林匹克题选:1962—2009	2021—07	48.00	1370
360个数学竞赛问题	2016—08	58.00	677
奥数最佳实战题.上卷	2017—06	38.00	760
奥数最佳实战题.下卷	2017—06	58.00	761
哈尔滨市早期中学数学竞赛试题汇编	2016—07	28.00	672
全国高中数学联赛试题及解答:1981—2019(第4版)	2020—07	138.00	1176
2022年全国高中数学联合竞赛模拟题集	2022—06	30.00	1521

书　名	出版时间	定　价	编号
20世纪50年代全国部分城市数学竞赛试题汇编	2017—07	28.00	797
国内外数学竞赛题及精解:2018~2019	2020—08	45.00	1192
国内外数学竞赛题及精解:2019~2020	2021—11	58.00	1439
许康华竞赛优学精选集.第一辑	2018—08	68.00	949
天问叶班数学问题征解100题.Ⅰ,2016—2018	2019—05	88.00	1075
天问叶班数学问题征解100题.Ⅱ,2017—2019	2020—07	98.00	1177
美国初中数学竞赛:AMC8准备(共6卷)	2019—07	138.00	1089
美国高中数学竞赛:AMC10准备(共6卷)	2019—08	158.00	1105
王连笑教你怎样学数学:高考选择题解题策略与客观题实用训练	2014—01	48.00	262
王连笑教你怎样学数学:高考数学高层次讲座	2015—02	48.00	432
高考数学的理论与实践	2009—08	38.00	53
高考数学核心题型解题方法与技巧	2010—01	28.00	86
高考思维新平台	2014—03	38.00	259
高考数学压轴题解题诀窍(上)(第2版)	2018—01	58.00	874
高考数学压轴题解题诀窍(下)(第2版)	2018—01	48.00	875
北京市五区文科数学三年高考模拟题详解:2013~2015	2015—08	48.00	500
北京市五区理科数学三年高考模拟题详解:2013~2015	2015—09	68.00	505
向量法巧解数学高考题	2009—08	28.00	54
高中数学课堂教学的实践与反思	2021—11	48.00	791
数学高考参考	2016—01	78.00	589
新课程标准高考数学解答题各种题型解法指导	2020—08	78.00	1196
全国及各省市高考数学试题审题要津与解法研究	2015—02	48.00	450
高中数学章节起始课的教学研究与案例设计	2019—05	28.00	1064
新课标高考数学——五年试题分章详解(2007~2011)(上、下)	2011—10	78.00	140,141
全国中考数学压轴题审题要津与解法研究	2013—04	78.00	248
新编全国及各省市中考数学压轴题审题要津与解法研究	2014—05	58.00	342
全国及各省市5年中考数学压轴题审题要津与解法研究(2015版)	2015—04	58.00	462
中考数学专题总复习	2007—04	28.00	6
中考数学较难题常考题型解题方法与技巧	2016—09	48.00	681
中考数学难题常考题型解题方法与技巧	2016—09	48.00	682
中考数学中档题常考题型解题方法与技巧	2017—08	68.00	835
中考数学选择填空压轴好题妙解365	2024—01	80.00	1698
中考数学:三类重点考题的解法例析与习题	2020—04	48.00	1140
中小学数学的历史文化	2019—11	48.00	1124
初中平面几何百题多思创新解	2020—01	58.00	1125
初中数学中考备考	2020—01	58.00	1126
高考数学之九章演义	2019—08	68.00	1044
高考数学之难题谈笑间	2022—06	68.00	1519
化学可以这样学:高中化学知识方法智慧感悟疑难辨析	2019—07	58.00	1103
如何成为学习高手	2019—09	58.00	1107
高考数学:经典真题分类解析	2020—04	78.00	1134
高考数学解答题破解策略	2020—11	58.00	1221
从分析解题过程学解题:高考压轴题与竞赛题之关系探究	2020—08	88.00	1179
教学新思考:单元整体视角下的初中数学教学设计	2021—03	58.00	1278
思维再拓展:2020年经典几何题的多解探究与思考	即将出版		1279
中考数学小压轴汇编初讲	2017—07	48.00	788
中考数学大压轴专题微言	2017—09	48.00	846
怎么解中考平面几何探索题	2019—06	48.00	1093
北京中考数学压轴题解题方法突破(第9版)	2024—01	78.00	1645
助你高考成功的数学解题智慧:知识是智慧的基础	2016—01	58.00	596
助你高考成功的数学解题智慧:错误是智慧的试金石	2016—04	58.00	643
助你高考成功的数学解题智慧:方法是智慧的推手	2016—04	68.00	657
高考数学奇思妙解	2016—04	38.00	610
高考数学解题策略	2016—05	48.00	670
数学解题泄天机(第2版)	2017—10	48.00	850

刘培杰数学工作室
已出版(即将出版)图书目录——初等数学

书　　名	出版时间	定　价	编号
高中物理教学讲义	2018—01	48.00	871
高中物理教学讲义:全模块	2022—03	98.00	1492
高中物理答疑解惑65篇	2021—11	48.00	1462
中学物理基础问题解析	2020—08	48.00	1183
初中数学、高中数学脱节知识补缺教材	2017—06	48.00	766
高考数学客观题解题方法和技巧	2017—10	38.00	847
十年高考数学精品试题审题要津与解法研究	2021—10	98.00	1427
中国历届高考数学试题及解答.1949—1979	2018—01	38.00	877
历届中国高考数学试题及解答.第二卷,1980—1989	2018—10	28.00	975
历届中国高考数学试题及解答.第三卷,1990—1999	2018—10	48.00	976
跟我学解高中数学题	2018—07	58.00	926
中学数学研究的方法及案例	2018—05	58.00	869
高考数学抢分技能	2018—07	68.00	934
高一新生常用数学方法和重要数学思想提升教材	2018—06	38.00	921
高考数学全国卷六道解答常考题型解题诀窍:理科(全2册)	2019—07	78.00	1101
高考数学全国卷16道选择、填空题常考题型解题诀窍.理科	2018—09	88.00	971
高考数学全国卷16道选择、填空题常考题型解题诀窍.文科	2020—01	88.00	1123
高中数学一题多解	2019—06	58.00	1087
历届中国高考数学试题及解答:1917—1999	2021—08	98.00	1371
2000～2003年全国及各省市高考数学试题及解答	2022—05	88.00	1499
2004年全国及各省市高考数学试题及解答	2023—08	78.00	1500
2005年全国及各省市高考数学试题及解答	2023—08	78.00	1501
2006年全国及各省市高考数学试题及解答	2023—08	88.00	1502
2007年全国及各省市高考数学试题及解答	2023—08	98.00	1503
2008年全国及各省市高考数学试题及解答	2023—08	88.00	1504
2009年全国及各省市高考数学试题及解答	2023—08	88.00	1505
2010年全国及各省市高考数学试题及解答	2023—08	98.00	1506
2011～2017年全国及各省市高考数学试题及解答	2024—01	78.00	1507
突破高原:高中数学解题思维探究	2021—08	48.00	1375
高考数学中的"取值范围"	2021—10	48.00	1429
新课程标准高中数学各种题型解法大全.必修一分册	2021—06	58.00	1315
新课程标准高中数学各种题型解法大全.必修二分册	2022—01	68.00	1471
高中数学各种题型解法大全.选择性必修一分册	2022—06	68.00	1525
高中数学各种题型解法大全.选择性必修二分册	2023—01	58.00	1600
高中数学各种题型解法大全.选择性必修三分册	2023—04	48.00	1643
历届全国初中数学竞赛经典试题详解	2023—04	88.00	1624
孟祥礼高考数学精刷精解	2023—06	98.00	1663

书　　名	出版时间	定　价	编号
新编640个世界著名数学智力趣题	2014—01	88.00	242
500个最新世界著名数学智力趣题	2008—06	48.00	3
400个最新世界著名数学最值问题	2008—09	48.00	36
500个世界著名数学征解问题	2009—06	48.00	52
400个中国最佳初等数学征解老问题	2010—01	48.00	60
500个俄罗斯数学经典老题	2011—01	28.00	81
1000个国外中学物理好题	2012—04	48.00	174
300个日本高考数学题	2012—05	38.00	142
700个早期日本高考数学试题	2017—02	88.00	752
500个前苏联早期高考数学试题及解答	2012—05	28.00	185
546个早期俄罗斯大学生数学竞赛题	2014—03	38.00	285
548个来自美苏的数学好问题	2014—11	28.00	396
20所苏联著名大学早期入学试题	2015—02	18.00	452
161道德国工科大学生必做的微分方程习题	2015—05	28.00	469
500个德国工科大学生必做的高数习题	2015—06	28.00	478
360个数学竞赛问题	2016—08	58.00	677
200个趣味数学故事	2018—02	48.00	857
470个数学奥林匹克中的最值问题	2018—10	88.00	985
德国讲义日本考题.微积分卷	2015—04	48.00	456
德国讲义日本考题.微分方程卷	2015—04	38.00	457
二十世纪中叶中、英、美、日、法、俄高考数学试题精选	2017—06	38.00	783

书　名	出版时间	定　价	编号
中国初等数学研究　2009卷(第1辑)	2009－05	20.00	45
中国初等数学研究　2010卷(第2辑)	2010－05	30.00	68
中国初等数学研究　2011卷(第3辑)	2011－07	60.00	127
中国初等数学研究　2012卷(第4辑)	2012－07	48.00	190
中国初等数学研究　2014卷(第5辑)	2014－02	48.00	288
中国初等数学研究　2015卷(第6辑)	2015－06	68.00	493
中国初等数学研究　2016卷(第7辑)	2016－04	68.00	609
中国初等数学研究　2017卷(第8辑)	2017－01	98.00	712
初等数学研究在中国.第1辑	2019－03	158.00	1024
初等数学研究在中国.第2辑	2019－10	158.00	1116
初等数学研究在中国.第3辑	2021－05	158.00	1306
初等数学研究在中国.第4辑	2022－06	158.00	1520
初等数学研究在中国.第5辑	2023－07	158.00	1635
几何变换(Ⅰ)	2014－07	28.00	353
几何变换(Ⅱ)	2015－06	28.00	354
几何变换(Ⅲ)	2015－01	38.00	355
几何变换(Ⅳ)	2015－12	38.00	356
初等数论难题集(第一卷)	2009－05	68.00	44
初等数论难题集(第二卷)(上、下)	2011－02	128.00	82,83
数论概貌	2011－03	18.00	93
代数数论(第二版)	2013－08	58.00	94
代数多项式	2014－06	38.00	289
初等数论的知识与问题	2011－02	28.00	95
超越数论基础	2011－03	28.00	96
数论初等教程	2011－03	28.00	97
数论基础	2011－03	18.00	98
数论基础与维诺格拉多夫	2014－03	18.00	292
解析数论基础	2012－08	28.00	216
解析数论基础(第二版)	2014－01	48.00	287
解析数论问题集(第二版)(原版引进)	2014－05	88.00	343
解析数论问题集(第二版)(中译本)	2016－04	88.00	607
解析数论基础(潘承洞,潘承彪著)	2016－07	98.00	673
解析数论导引	2016－07	58.00	674
数论入门	2011－03	38.00	99
代数数论入门	2015－03	38.00	448
数论开篇	2012－07	28.00	194
解析数论引论	2011－03	48.00	100
Barban Davenport Halberstam均值和	2009－01	40.00	33
基础数论	2011－03	28.00	101
初等数论100例	2011－05	18.00	122
初等数论经典例题	2012－07	18.00	204
最新世界各国数学奥林匹克中的初等数论试题(上、下)	2012－01	138.00	144,145
初等数论(Ⅰ)	2012－01	18.00	156
初等数论(Ⅱ)	2012－01	18.00	157
初等数论(Ⅲ)	2012－01	28.00	158

刘培杰数学工作室
已出版(即将出版)图书目录——初等数学

书　名	出版时间	定　价	编号
平面几何与数论中未解决的新老问题	2013—01	68.00	229
代数数论简史	2014—11	28.00	408
代数数论	2015—09	88.00	532
代数、数论及分析习题集	2016—11	98.00	695
数论导引提要及习题解答	2016—01	48.00	559
素数定理的初等证明.第2版	2016—09	48.00	686
数论中的模函数与狄利克雷级数(第二版)	2017—11	78.00	837
数论:数学导引	2018—01	68.00	849
范氏大代数	2019—02	98.00	1016
解析数学讲义.第一卷,导来式及微分、积分、级数	2019—04	88.00	1021
解析数学讲义.第二卷,关于几何的应用	2019—04	68.00	1022
解析数学讲义.第三卷,解析函数论	2019—04	78.00	1023
分析·组合·数论纵横谈	2019—04	58.00	1039
Hall代数:民国时期的中学数学课本:英文	2019—08	88.00	1106
基谢廖夫初等代数	2022—07	38.00	1531
数学精神巡礼	2019—01	58.00	731
数学眼光透视(第2版)	2017—06	78.00	732
数学思想领悟(第2版)	2018—01	68.00	733
数学方法溯源(第2版)	2018—08	68.00	734
数学解题引论	2017—05	58.00	735
数学史话览胜(第2版)	2017—01	48.00	736
数学应用展观(第2版)	2017—08	68.00	737
数学建模尝试	2018—04	48.00	738
数学竞赛采风	2018—01	68.00	739
数学测评探营	2019—05	58.00	740
数学技能操握	2018—03	48.00	741
数学欣赏拾趣	2018—02	48.00	742
从毕达哥拉斯到怀尔斯	2007—10	48.00	9
从迪利克雷到维斯卡尔迪	2008—01	48.00	21
从哥德巴赫到陈景润	2008—05	98.00	35
从庞加莱到佩雷尔曼	2011—08	138.00	136
博弈论精粹	2008—03	58.00	30
博弈论精粹.第二版(精装)	2015—01	88.00	461
数学 我爱你	2008—01	28.00	20
精神的圣徒　别样的人生——60位中国数学家成长的历程	2008—09	48.00	39
数学史概论	2009—06	78.00	50
数学史概论(精装)	2013—03	158.00	272
数学史选讲	2016—01	48.00	544
斐波那契数列	2010—02	28.00	65
数学拼盘和斐波那契魔方	2010—07	38.00	72
斐波那契数列欣赏(第2版)	2018—08	58.00	948
Fibonacci数列中的明珠	2018—06	58.00	928
数学的创造	2011—02	48.00	85
数学美与创造力	2016—01	48.00	595
数海拾贝	2016—01	48.00	590
数学中的美(第2版)	2019—04	68.00	1057
数论中的美学	2014—12	38.00	351

刘培杰数学工作室
已出版(即将出版)图书目录——初等数学

书 名	出版时间	定 价	编号
数学王者 科学巨人——高斯	2015—01	28.00	428
振兴祖国数学的圆梦之旅:中国初等数学研究史话	2015—06	98.00	490
二十世纪中国数学史料研究	2015—10	48.00	536
数字谜、数阵图与棋盘覆盖	2016—01	58.00	298
数学概念的进化:一个初步的研究	2023—07	68.00	1683
数学发现的艺术:数学探索中的合情推理	2016—07	58.00	671
活跃在数学中的参数	2016—07	48.00	675
数海趣史	2021—05	98.00	1314
玩转幻中之幻	2023—08	88.00	1682
数学艺术品	2023—09	98.00	1685
数学博弈与游戏	2023—10	68.00	1692
数学解题——靠数学思想给力(上)	2011—07	38.00	131
数学解题——靠数学思想给力(中)	2011—07	48.00	132
数学解题——靠数学思想给力(下)	2011—07	38.00	133
我怎样解题	2013—01	48.00	227
数学解题中的物理方法	2011—06	28.00	114
数学解题的特殊方法	2011—06	48.00	115
中学数学计算技巧(第2版)	2020—10	48.00	1220
中学数学证明方法	2012—01	58.00	117
数学趣题巧解	2012—03	28.00	128
高中数学教学通鉴	2015—05	58.00	479
和高中生漫谈:数学与哲学的故事	2014—08	28.00	369
算术问题集	2017—03	38.00	789
张教授讲数学	2018—07	38.00	933
陈永明实话实说数学教学	2020—04	68.00	1132
中学数学学科知识与教学能力	2020—06	58.00	1155
怎样把课讲好:大罕数学教学随笔	2022—03	58.00	1484
中国高考评价体系下高考数学探秘	2022—03	48.00	1487
数苑漫步	2024—01	58.00	1670
自主招生考试中的参数方程问题	2015—01	28.00	435
自主招生考试中的极坐标问题	2015—04	28.00	463
近年全国重点大学自主招生数学试题全解及研究.华约卷	2015—02	38.00	441
近年全国重点大学自主招生数学试题全解及研究.北约卷	2016—05	38.00	619
自主招生数学解证宝典	2015—09	48.00	535
中国科学技术大学创新班数学真题解析	2022—03	48.00	1488
中国科学技术大学创新班物理真题解析	2022—03	58.00	1489
格点和面积	2012—07	18.00	191
射影几何趣谈	2012—04	28.00	175
斯潘纳尔引理——从一道加拿大数学奥林匹克试题谈起	2014—01	28.00	228
李普希兹条件——从几道近年高考数学试题谈起	2012—10	18.00	221
拉格朗日中值定理——从一道北京高考试题的解法谈起	2015—10	18.00	197
闵科夫斯基定理——从一道清华大学自主招生试题谈起	2014—01	28.00	198
哈尔测度——从一道冬令营试题的背景谈起	2012—08	28.00	202
切比雪夫逼近问题——从一道中国台北数学奥林匹克试题谈起	2013—04	38.00	238
伯恩斯坦多项式与贝齐尔曲面——从一道全国高中数学联赛试题谈起	2013—03	38.00	236
卡塔兰猜想——从一道普特南竞赛试题谈起	2013—06	18.00	256
麦卡锡函数和阿克曼函数——从一道前南斯拉夫数学奥林匹克试题谈起	2012—08	18.00	201
贝蒂定理与拉姆贝克莫斯尔定理——从一个拣石子游戏谈起	2012—08	18.00	217
皮亚诺曲线和豪斯道夫分球定理——从无限集谈起	2012—08	18.00	211
平面凸图形与凸多面体	2012—10	28.00	218
斯坦因豪斯问题——从一道二十五省市自治区中学数学竞赛试题谈起	2012—07	18.00	196

刘培杰数学工作室
已出版(即将出版)图书目录——初等数学

书　名	出版时间	定　价	编号
纽结理论中的亚历山大多项式与琼斯多项式——从一道北京市高一数学竞赛试题谈起	2012－07	28.00	195
原则与策略——从波利亚"解题表"谈起	2013－04	38.00	244
转化与化归——从三大尺规作图不能问题谈起	2012－08	28.00	214
代数几何中的贝祖定理(第一版)——从一道IMO试题的解法谈起	2013－08	18.00	193
成功连贯理论与约当块理论——从一道比利时数学竞赛试题谈起	2012－04	18.00	180
素数判定与大数分解	2014－08	18.00	199
置换多项式及其应用	2012－10	18.00	220
椭圆函数与模函数——从一道美国加州大学洛杉矶分校(UCLA)博士资格考题谈起	2012－10	28.00	219
差分方程的拉格朗日方法——从一道2011年全国高考理科试题的解法谈起	2012－08	28.00	200
力学在几何中的一些应用	2013－01	38.00	240
从根式解到伽罗华理论	2020－01	48.00	1121
康托洛维奇不等式——从一道全国高中联赛试题谈起	2013－03	28.00	337
西格尔引理——从一道第18届IMO试题的解法谈起	即将出版		
罗斯定理——从一道前苏联数学竞赛试题谈起	即将出版		
拉克斯定理和阿廷定理——从一道IMO试题的解法谈起	2014－01	58.00	246
毕卡大定理——从一道美国大学数学竞赛试题谈起	2014－07	18.00	350
贝齐尔曲线——从一道全国高中联赛试题谈起	即将出版		
拉格朗日乘子定理——从一道2005年全国高中联赛试题的高等数学解法谈起	2015－05	28.00	480
雅可比定理——从一道日本数学奥林匹克试题谈起	2013－04	48.00	249
李天岩－约克定理——从一道波兰数学竞赛试题谈起	2014－06	28.00	349
受控理论与初等不等式:从一道IMO试题的解法谈起	2023－03	48.00	1601
布劳维不动点定理——从一道前苏联数学奥林匹克试题谈起	2014－01	38.00	273
伯恩赛德定理——从一道英国数学奥林匹克试题谈起	即将出版		
布查特－莫斯特定理——从一道上海市初中竞赛试题谈起	即将出版		
数论中的同余数问题——从一道普特南竞赛试题谈起	即将出版		
范·德蒙行列式——从一道美国数学奥林匹克试题谈起	即将出版		
中国剩余定理:总数法构建中国历史年表	2015－01	28.00	430
牛顿程序与方程求根——从一道全国高考试题解法谈起	即将出版		
库默尔定理——从一道IMO预选试题谈起	即将出版		
卢丁定理——从一道冬令营试题的解法谈起	即将出版		
沃斯滕霍姆定理——从一道IMO预选试题谈起	即将出版		
卡尔松不等式——从一道莫斯科数学奥林匹克试题谈起	即将出版		
信息论中的香农熵——从一道近年高考压轴题谈起	即将出版		
约当不等式——从一道希望杯竞赛试题谈起	即将出版		
拉比诺维奇定理	即将出版		
刘维尔定理——从一道《美国数学月刊》征解问题的解法谈起	即将出版		
卡塔兰恒等式与级数求和——从一道IMO试题的解法谈起	即将出版		
勒让德猜想与素数分布——从一道爱尔兰竞赛试题谈起	即将出版		
天平称重与信息论——从一道基辅市数学奥林匹克试题谈起	即将出版		
哈密尔顿－凯莱定理:从一道高中数学联赛试题的解法谈起	2014－09	18.00	376
艾思特曼定理——从一道CMO试题的解法谈起	即将出版		

书　名	出版时间	定　价	编号
阿贝尔恒等式与经典不等式及应用	2018—06	98.00	923
迪利克雷除数问题	2018—07	48.00	930
幻方、幻立方与拉丁方	2019—08	48.00	1092
帕斯卡三角形	2014—03	18.00	294
蒲丰投针问题——从2009年清华大学的一道自主招生试题谈起	2014—01	38.00	295
斯图姆定理——从一道"华约"自主招生试题的解法谈起	2014—01	18.00	296
许瓦兹引理——从一道加利福尼亚大学伯克利分校数学系博士生试题谈起	2014—08	18.00	297
拉姆塞定理——从王诗宬院士的一个问题谈起	2016—04	48.00	299
坐标法	2013—12	28.00	332
数论三角形	2014—04	38.00	341
毕克定理	2014—07	18.00	352
数林掠影	2014—09	48.00	389
我们周围的概率	2014—10	38.00	390
凸函数最值定理:从一道华约自主招生题的解法谈起	2014—10	28.00	391
易学与数学奥林匹克	2014—10	38.00	392
生物数学趣谈	2015—01	18.00	409
反演	2015—01	28.00	420
因式分解与圆锥曲线	2015—01	18.00	426
轨迹	2015—01	28.00	427
面积原理:从常庚哲命的一道CMO试题的积分解法谈起	2015—01	48.00	431
形形色色的不动点定理:从一道28届IMO试题谈起	2015—01	38.00	439
柯西函数方程:从一道上海交大自主招生的试题谈起	2015—02	28.00	440
三角恒等式	2015—02	28.00	442
无理性判定:从一道2014年"北约"自主招生试题谈起	2015—01	38.00	443
数学归纳法	2015—03	18.00	451
极端原理与解题	2015—04	28.00	464
法雷级数	2014—08	18.00	367
摆线族	2015—01	38.00	438
函数方程及其解法	2015—05	38.00	470
含参数的方程和不等式	2012—09	28.00	213
希尔伯特第十问题	2016—01	38.00	543
无穷小量的求和	2016—01	28.00	545
切比雪夫多项式:从一道清华大学金秋营试题谈起	2016—01	38.00	583
泽肯多夫定理	2016—03	38.00	599
代数等式证题法	2016—01	28.00	600
三角等式证题法	2016—01	28.00	601
吴大任教授藏书中的一个因式分解公式:从一道美国数学邀请赛试题的解法谈起	2016—06	28.00	656
易卦——类万物的数学模型	2017—08	68.00	838
"不可思议"的数与数系可持续发展	2018—01	38.00	878
最短线	2018—01	38.00	879
数学在天文、地理、光学、机械力学中的一些应用	2023—03	88.00	1576
从阿基米德三角形谈起	2023—01	28.00	1578
幻方和魔方(第一卷)	2012—05	68.00	173
尘封的经典——初等数学经典文献选读(第一卷)	2012—07	48.00	205
尘封的经典——初等数学经典文献选读(第二卷)	2012—07	38.00	206
初级方程式论	2011—03	28.00	106
初等数学研究(Ⅰ)	2008—09	68.00	37
初等数学研究(Ⅱ)(上、下)	2009—05	118.00	46,47
初等数学专题研究	2022—10	68.00	1568

刘培杰数学工作室
已出版(即将出版)图书目录——初等数学

书　名	出版时间	定价	编号
趣味初等方程妙题集锦	2014－09	48.00	388
趣味初等数论选美与欣赏	2015－02	48.00	445
耕读笔记(上卷):一位农民数学爱好者的初数探索	2015－04	28.00	459
耕读笔记(中卷):一位农民数学爱好者的初数探索	2015－05	28.00	483
耕读笔记(下卷):一位农民数学爱好者的初数探索	2015－05	28.00	484
几何不等式研究与欣赏.上卷	2016－01	88.00	547
几何不等式研究与欣赏.下卷	2016－01	48.00	552
初等数列研究与欣赏·上	2016－01	48.00	570
初等数列研究与欣赏·下	2016－01	48.00	571
趣味初等函数研究与欣赏.上	2016－09	48.00	684
趣味初等函数研究与欣赏.下	2018－09	48.00	685
三角不等式研究与欣赏	2020－10	68.00	1197
新编平面解析几何解题方法研究与欣赏	2021－10	78.00	1426
火柴游戏(第2版)	2022－05	38.00	1493
智力解谜.第1卷	2017－07	38.00	613
智力解谜.第2卷	2017－07	38.00	614
故事智力	2016－07	48.00	615
名人们喜欢的智力问题	2020－01	48.00	616
数学大师的发现、创造与失误	2018－01	48.00	617
异曲同工	2018－09	48.00	618
数学的味道(第2版)	2023－10	68.00	1686
数学千字文	2018－10	68.00	977
数贝偶拾——高考数学题研究	2014－04	28.00	274
数贝偶拾——初等数学研究	2014－04	38.00	275
数贝偶拾——奥数题研究	2014－04	48.00	276
钱昌本教你快乐学数学(上)	2011－12	48.00	155
钱昌本教你快乐学数学(下)	2012－03	58.00	171
集合、函数与方程	2014－01	28.00	300
数列与不等式	2014－01	38.00	301
三角与平面向量	2014－01	28.00	302
平面解析几何	2014－01	38.00	303
立体几何与组合	2014－01	28.00	304
极限与导数、数学归纳法	2014－01	38.00	305
趣味数学	2014－03	28.00	306
教材教法	2014－04	68.00	307
自主招生	2014－05	58.00	308
高考压轴题(上)	2015－01	48.00	309
高考压轴题(下)	2014－10	68.00	310
从费马到怀尔斯——费马大定理的历史	2013－10	198.00	I
从庞加莱到佩雷尔曼——庞加莱猜想的历史	2013－10	298.00	II
从切比雪夫到爱尔特希(上)——素数定理的初等证明	2013－07	48.00	III
从切比雪夫到爱尔特希(下)——素数定理100年	2012－12	98.00	III
从高斯到盖尔方特——二次域的高斯猜想	2013－10	198.00	IV
从库默尔到朗兰兹——朗兰兹猜想的历史	2014－01	98.00	V
从比勃巴赫到德布朗斯——比勃巴赫猜想的历史	2014－02	298.00	VI
从麦比乌斯到陈省身——麦比乌斯变换与麦比乌斯带	2014－02	298.00	VII
从布尔到豪斯道夫——布尔方程与格论漫谈	2013－10	198.00	VIII
从开普勒到阿诺德——三体问题的历史	2014－05	298.00	IX
从华林到华罗庚——华林问题的历史	2013－10	298.00	X

刘培杰数学工作室
已出版(即将出版)图书目录——初等数学

书 名	出版时间	定 价	编号
美国高中数学竞赛五十讲.第1卷(英文)	2014—08	28.00	357
美国高中数学竞赛五十讲.第2卷(英文)	2014—08	28.00	358
美国高中数学竞赛五十讲.第3卷(英文)	2014—09	28.00	359
美国高中数学竞赛五十讲.第4卷(英文)	2014—09	28.00	360
美国高中数学竞赛五十讲.第5卷(英文)	2014—10	28.00	361
美国高中数学竞赛五十讲.第6卷(英文)	2014—11	28.00	362
美国高中数学竞赛五十讲.第7卷(英文)	2014—12	28.00	363
美国高中数学竞赛五十讲.第8卷(英文)	2015—01	28.00	364
美国高中数学竞赛五十讲.第9卷(英文)	2015—01	28.00	365
美国高中数学竞赛五十讲.第10卷(英文)	2015—02	38.00	366
三角函数(第2版)	2017—04	38.00	626
不等式	2014—01	38.00	312
数列	2014—01	38.00	313
方程(第2版)	2017—04	38.00	624
排列和组合	2014—01	28.00	315
极限与导数(第2版)	2016—04	38.00	635
向量(第2版)	2018—08	58.00	627
复数及其应用	2014—08	28.00	318
函数	2014—01	38.00	319
集合	2020—01	48.00	320
直线与平面	2014—01	28.00	321
立体几何(第2版)	2016—04	38.00	629
解三角形	即将出版		323
直线与圆(第2版)	2016—11	38.00	631
圆锥曲线(第2版)	2016—09	48.00	632
解题通法(一)	2014—07	38.00	326
解题通法(二)	2014—07	38.00	327
解题通法(三)	2014—05	38.00	328
概率与统计	2014—01	28.00	329
信息迁移与算法	即将出版		330
IMO 50年.第1卷(1959—1963)	2014—11	28.00	377
IMO 50年.第2卷(1964—1968)	2014—11	28.00	378
IMO 50年.第3卷(1969—1973)	2014—09	28.00	379
IMO 50年.第4卷(1974—1978)	2016—04	38.00	380
IMO 50年.第5卷(1979—1984)	2015—04	38.00	381
IMO 50年.第6卷(1985—1989)	2015—04	58.00	382
IMO 50年.第7卷(1990—1994)	2016—01	48.00	383
IMO 50年.第8卷(1995—1999)	2016—06	38.00	384
IMO 50年.第9卷(2000—2004)	2015—04	58.00	385
IMO 50年.第10卷(2005—2009)	2016—01	48.00	386
IMO 50年.第11卷(2010—2015)	2017—03	48.00	646

刘培杰数学工作室
已出版(即将出版)图书目录——初等数学

书　名	出版时间	定价	编号
数学反思(2006—2007)	2020—09	88.00	915
数学反思(2008—2009)	2019—01	68.00	917
数学反思(2010—2011)	2018—05	58.00	916
数学反思(2012—2013)	2019—01	58.00	918
数学反思(2014—2015)	2019—03	78.00	919
数学反思(2016—2017)	2021—03	58.00	1286
数学反思(2018—2019)	2023—01	88.00	1593
历届美国大学生数学竞赛试题集.第一卷(1938—1949)	2015—01	28.00	397
历届美国大学生数学竞赛试题集.第二卷(1950—1959)	2015—01	28.00	398
历届美国大学生数学竞赛试题集.第三卷(1960—1969)	2015—01	28.00	399
历届美国大学生数学竞赛试题集.第四卷(1970—1979)	2015—01	18.00	400
历届美国大学生数学竞赛试题集.第五卷(1980—1989)	2015—01	28.00	401
历届美国大学生数学竞赛试题集.第六卷(1990—1999)	2015—01	28.00	402
历届美国大学生数学竞赛试题集.第七卷(2000—2009)	2015—08	18.00	403
历届美国大学生数学竞赛试题集.第八卷(2010—2012)	2015—01	18.00	404
新课标高考数学创新题解题诀窍:总论	2014—09	28.00	372
新课标高考数学创新题解题诀窍:必修1～5分册	2014—08	38.00	373
新课标高考数学创新题解题诀窍:选修2—1,2—2,1—1,1—2分册	2014—09	38.00	374
新课标高考数学创新题解题诀窍:选修2—3,4—4,4—5分册	2014—09	18.00	375
全国重点大学自主招生英文数学试题全攻略:词汇卷	2015—07	48.00	410
全国重点大学自主招生英文数学试题全攻略:概念卷	2015—01	28.00	411
全国重点大学自主招生英文数学试题全攻略:文章选读卷(上)	2016—09	38.00	412
全国重点大学自主招生英文数学试题全攻略:文章选读卷(下)	2017—01	58.00	413
全国重点大学自主招生英文数学试题全攻略:试题卷	2015—07	38.00	414
全国重点大学自主招生英文数学试题全攻略:名著欣赏卷	2017—03	48.00	415
劳埃德数学趣题大全.题目卷.1:英文	2016—01	18.00	516
劳埃德数学趣题大全.题目卷.2:英文	2016—01	18.00	517
劳埃德数学趣题大全.题目卷.3:英文	2016—01	18.00	518
劳埃德数学趣题大全.题目卷.4:英文	2016—01	18.00	519
劳埃德数学趣题大全.题目卷.5:英文	2016—01	18.00	520
劳埃德数学趣题大全.答案卷:英文	2016—01	18.00	521
李成章教练奥数笔记.第1卷	2016—01	48.00	522
李成章教练奥数笔记.第2卷	2016—01	48.00	523
李成章教练奥数笔记.第3卷	2016—01	38.00	524
李成章教练奥数笔记.第4卷	2016—01	38.00	525
李成章教练奥数笔记.第5卷	2016—01	38.00	526
李成章教练奥数笔记.第6卷	2016—01	38.00	527
李成章教练奥数笔记.第7卷	2016—01	38.00	528
李成章教练奥数笔记.第8卷	2016—01	48.00	529
李成章教练奥数笔记.第9卷	2016—01	28.00	530

刘培杰数学工作室
已出版(即将出版)图书目录——初等数学

书　名	出版时间	定价	编号
第19~23届"希望杯"全国数学邀请赛试题审题要津详细评注(初一版)	2014—03	28.00	333
第19~23届"希望杯"全国数学邀请赛试题审题要津详细评注(初二、初三版)	2014—03	38.00	334
第19~23届"希望杯"全国数学邀请赛试题审题要津详细评注(高一版)	2014—03	28.00	335
第19~23届"希望杯"全国数学邀请赛试题审题要津详细评注(高二版)	2014—03	38.00	336
第19~25届"希望杯"全国数学邀请赛试题审题要津详细评注(初一版)	2015—01	38.00	416
第19~25届"希望杯"全国数学邀请赛试题审题要津详细评注(初二、初三版)	2015—01	58.00	417
第19~25届"希望杯"全国数学邀请赛试题审题要津详细评注(高一版)	2015—01	48.00	418
第19~25届"希望杯"全国数学邀请赛试题审题要津详细评注(高二版)	2015—01	48.00	419
物理奥林匹克竞赛大题典——力学卷	2014—11	48.00	405
物理奥林匹克竞赛大题典——热学卷	2014—04	28.00	339
物理奥林匹克竞赛大题典——电磁学卷	2015—07	48.00	406
物理奥林匹克竞赛大题典——光学与近代物理卷	2014—06	28.00	345
历届中国东南地区数学奥林匹克试题集(2004~2012)	2014—06	18.00	346
历届中国西部地区数学奥林匹克试题集(2001~2012)	2014—07	18.00	347
历届中国女子数学奥林匹克试题集(2002~2012)	2014—08	18.00	348
数学奥林匹克在中国	2014—06	98.00	344
数学奥林匹克问题集	2014—01	38.00	267
数学奥林匹克不等式散论	2010—06	38.00	124
数学奥林匹克不等式欣赏	2011—09	38.00	138
数学奥林匹克超级题库(初中卷上)	2010—01	58.00	66
数学奥林匹克不等式证明方法和技巧(上、下)	2011—08	158.00	134,135
他们学什么:原民主德国中学数学课本	2016—09	38.00	658
他们学什么:英国中学数学课本	2016—09	38.00	659
他们学什么:法国中学数学课本.1	2016—09	38.00	660
他们学什么:法国中学数学课本.2	2016—09	28.00	661
他们学什么:法国中学数学课本.3	2016—09	38.00	662
他们学什么:苏联中学数学课本	2016—09	28.00	679
高中数学题典——集合与简易逻辑·函数	2016—07	48.00	647
高中数学题典——导数	2016—07	48.00	648
高中数学题典——三角函数·平面向量	2016—07	48.00	649
高中数学题典——数列	2016—07	58.00	650
高中数学题典——不等式·推理与证明	2016—07	38.00	651
高中数学题典——立体几何	2016—07	48.00	652
高中数学题典——平面解析几何	2016—07	78.00	653
高中数学题典——计数原理·统计·概率·复数	2016—07	48.00	654
高中数学题典——算法·平面几何·初等数论·组合数学·其他	2016—07	68.00	655

刘培杰数学工作室
已出版(即将出版)图书目录——初等数学

书　　名	出版时间	定　价	编号
台湾地区奥林匹克数学竞赛试题.小学一年级	2017—03	38.00	722
台湾地区奥林匹克数学竞赛试题.小学二年级	2017—03	38.00	723
台湾地区奥林匹克数学竞赛试题.小学三年级	2017—03	38.00	724
台湾地区奥林匹克数学竞赛试题.小学四年级	2017—03	38.00	725
台湾地区奥林匹克数学竞赛试题.小学五年级	2017—03	38.00	726
台湾地区奥林匹克数学竞赛试题.小学六年级	2017—03	38.00	727
台湾地区奥林匹克数学竞赛试题.初中一年级	2017—03	38.00	728
台湾地区奥林匹克数学竞赛试题.初中二年级	2017—03	38.00	729
台湾地区奥林匹克数学竞赛试题.初中三年级	2017—03	28.00	730
不等式证题法	2017—04	28.00	747
平面几何培优教程	2019—08	88.00	748
奥数鼎级培优教程.高一分册	2018—09	88.00	749
奥数鼎级培优教程.高二分册.上	2018—04	68.00	750
奥数鼎级培优教程.高二分册.下	2018—04	68.00	751
高中数学竞赛冲刺宝典	2019—04	68.00	883
初中尖子生数学超级题典.实数	2017—07	58.00	792
初中尖子生数学超级题典.式、方程与不等式	2017—08	58.00	793
初中尖子生数学超级题典.圆、面积	2017—08	38.00	794
初中尖子生数学超级题典.函数、逻辑推理	2017—08	48.00	795
初中尖子生数学超级题典.角、线段、三角形与多边形	2017—07	58.00	796
数学王子——高斯	2018—01	48.00	858
坎坷奇星——阿贝尔	2018—01	48.00	859
闪烁奇星——伽罗瓦	2018—01	58.00	860
无穷统帅——康托尔	2018—01	48.00	861
科学公主——柯瓦列夫斯卡娅	2018—01	48.00	862
抽象代数之母——埃米·诺特	2018—01	48.00	863
电脑先驱——图灵	2018—01	58.00	864
昔日神童——维纳	2018—01	48.00	865
数坛怪侠——爱尔特希	2018—01	68.00	866
传奇数学家徐利治	2019—09	88.00	1110
当代世界中的数学.数学思想与数学基础	2019—01	38.00	892
当代世界中的数学.数学问题	2019—01	38.00	893
当代世界中的数学.应用数学与数学应用	2019—01	38.00	894
当代世界中的数学.数学王国的新疆域(一)	2019—01	38.00	895
当代世界中的数学.数学王国的新疆域(二)	2019—01	38.00	896
当代世界中的数学.数林撷英(一)	2019—01	38.00	897
当代世界中的数学.数林撷英(二)	2019—01	48.00	898
当代世界中的数学.数学之路	2019—01	38.00	899

书　名	出版时间	定　价	编号
105 个代数问题:来自 AwesomeMath 夏季课程	2019－02	58.00	956
106 个几何问题:来自 AwesomeMath 夏季课程	2020－07	58.00	957
107 个几何问题:来自 AwesomeMath 全年课程	2020－07	58.00	958
108 个代数问题:来自 AwesomeMath 全年课程	2019－01	68.00	959
109 个不等式:来自 AwesomeMath 夏季课程	2019－04	58.00	960
国际数学奥匹克中的 110 个几何问题	即将出版		961
111 个代数和数论问题	2019－05	58.00	962
112 个组合问题:来自 AwesomeMath 夏季课程	2019－05	58.00	963
113 个几何不等式:来自 AwesomeMath 夏季课程	2020－08	58.00	964
114 个指数和对数问题:来自 AwesomeMath 夏季课程	2019－09	48.00	965
115 个三角问题:来自 AwesomeMath 夏季课程	2019－09	58.00	966
116 个代数不等式:来自 AwesomeMath 全年课程	2019－04	58.00	967
117 个多项式问题:来自 AwesomeMath 夏季课程	2021－09	58.00	1409
118 个数学竞赛不等式	2022－08	78.00	1526
紫色彗星国际数学竞赛试题	2019－02	58.00	999
数学竞赛中的数学:为数学爱好者、父母、教师和教练准备的丰富资源.第一部	2020－04	58.00	1141
数学竞赛中的数学:为数学爱好者、父母、教师和教练准备的丰富资源.第二部	2020－07	48.00	1142
和与积	2020－10	38.00	1219
数论:概念和问题	2020－12	68.00	1257
初等数学问题研究	2021－03	48.00	1270
数学奥林匹克中的欧几里得几何	2021－10	68.00	1413
数学奥林匹克题解新编	2022－01	58.00	1430
图论入门	2022－09	58.00	1554
新的、更新的、最新的不等式	2023－07	58.00	1650
数学竞赛中奇妙的多项式	2024－01	78.00	1646
120 个奇妙的代数问题及 20 个奖励问题	2024－04	48.00	1647
澳大利亚中学数学竞赛试题及解答(初级卷)1978～1984	2019－02	28.00	1002
澳大利亚中学数学竞赛试题及解答(初级卷)1985～1991	2019－02	28.00	1003
澳大利亚中学数学竞赛试题及解答(初级卷)1992～1998	2019－02	28.00	1004
澳大利亚中学数学竞赛试题及解答(初级卷)1999～2005	2019－02	28.00	1005
澳大利亚中学数学竞赛试题及解答(中级卷)1978～1984	2019－03	28.00	1006
澳大利亚中学数学竞赛试题及解答(中级卷)1985～1991	2019－03	28.00	1007
澳大利亚中学数学竞赛试题及解答(中级卷)1992～1998	2019－03	28.00	1008
澳大利亚中学数学竞赛试题及解答(中级卷)1999～2005	2019－03	28.00	1009
澳大利亚中学数学竞赛试题及解答(高级卷)1978～1984	2019－05	28.00	1010
澳大利亚中学数学竞赛试题及解答(高级卷)1985～1991	2019－05	28.00	1011
澳大利亚中学数学竞赛试题及解答(高级卷)1992～1998	2019－05	28.00	1012
澳大利亚中学数学竞赛试题及解答(高级卷)1999～2005	2019－05	28.00	1013
天才中小学生智力测验题.第一卷	2019－03	38.00	1026
天才中小学生智力测验题.第二卷	2019－03	38.00	1027
天才中小学生智力测验题.第三卷	2019－03	38.00	1028
天才中小学生智力测验题.第四卷	2019－03	38.00	1029
天才中小学生智力测验题.第五卷	2019－03	38.00	1030
天才中小学生智力测验题.第六卷	2019－03	38.00	1031
天才中小学生智力测验题.第七卷	2019－03	38.00	1032
天才中小学生智力测验题.第八卷	2019－03	38.00	1033
天才中小学生智力测验题.第九卷	2019－03	38.00	1034
天才中小学生智力测验题.第十卷	2019－03	38.00	1035
天才中小学生智力测验题.第十一卷	2019－03	38.00	1036
天才中小学生智力测验题.第十二卷	2019－03	38.00	1037
天才中小学生智力测验题.第十三卷	2019－03	38.00	1038

刘培杰数学工作室
已出版（即将出版）图书目录——初等数学

书　　名	出版时间	定　价	编号
重点大学自主招生数学备考全书:函数	2020—05	48.00	1047
重点大学自主招生数学备考全书:导数	2020—08	48.00	1048
重点大学自主招生数学备考全书:数列与不等式	2019—10	78.00	1049
重点大学自主招生数学备考全书:三角函数与平面向量	2020—08	68.00	1050
重点大学自主招生数学备考全书:平面解析几何	2020—07	58.00	1051
重点大学自主招生数学备考全书:立体几何与平面几何	2019—08	48.00	1052
重点大学自主招生数学备考全书:排列组合·概率统计·复数	2019—09	48.00	1053
重点大学自主招生数学备考全书:初等数论与组合数学	2019—08	48.00	1054
重点大学自主招生数学备考全书:重点大学自主招生真题.上	2019—04	68.00	1055
重点大学自主招生数学备考全书:重点大学自主招生真题.下	2019—04	58.00	1056
高中数学竞赛培训教程:平面几何问题的求解方法与策略.上	2018—05	68.00	906
高中数学竞赛培训教程:平面几何问题的求解方法与策略.下	2018—06	78.00	907
高中数学竞赛培训教程:整除与同余以及不定方程	2018—01	88.00	908
高中数学竞赛培训教程:组合计数与组合极值	2018—04	48.00	909
高中数学竞赛培训教程:初等代数	2019—04	78.00	1042
高中数学讲座:数学竞赛基础教程(第一册)	2019—06	48.00	1094
高中数学讲座:数学竞赛基础教程(第二册)	即将出版		1095
高中数学讲座:数学竞赛基础教程(第三册)	即将出版		1096
高中数学讲座:数学竞赛基础教程(第四册)	即将出版		1097
新编中学数学解题方法 1000 招丛书.实数(初中版)	2022—05	58.00	1291
新编中学数学解题方法 1000 招丛书.式(初中版)	2022—05	48.00	1292
新编中学数学解题方法 1000 招丛书.方程与不等式(初中版)	2021—04	58.00	1293
新编中学数学解题方法 1000 招丛书.函数(初中版)	2022—05	38.00	1294
新编中学数学解题方法 1000 招丛书.角(初中版)	2022—05	48.00	1295
新编中学数学解题方法 1000 招丛书.线段(初中版)	2022—05	48.00	1296
新编中学数学解题方法 1000 招丛书.三角形与多边形(初中版)	2021—04	48.00	1297
新编中学数学解题方法 1000 招丛书.圆(初中版)	2022—05	48.00	1298
新编中学数学解题方法 1000 招丛书.面积(初中版)	2021—07	28.00	1299
新编中学数学解题方法 1000 招丛书.逻辑推理(初中版)	2022—06	48.00	1300
高中数学题典精编.第一辑.函数	2022—01	58.00	1444
高中数学题典精编.第一辑.导数	2022—01	68.00	1445
高中数学题典精编.第一辑.三角函数·平面向量	2022—01	68.00	1446
高中数学题典精编.第一辑.数列	2022—01	58.00	1447
高中数学题典精编.第一辑.不等式·推理与证明	2022—01	58.00	1448
高中数学题典精编.第一辑.立体几何	2022—01	58.00	1449
高中数学题典精编.第一辑.平面解析几何	2022—01	68.00	1450
高中数学题典精编.第一辑.统计·概率·平面几何	2022—01	58.00	1451
高中数学题典精编.第一辑.初等数论·组合数学·数学文化·解题方法	2022—01	58.00	1452
历届全国初中数学竞赛试题分类解析.初等代数	2022—09	98.00	1555
历届全国初中数学竞赛试题分类解析.初等数论	2022—09	48.00	1556
历届全国初中数学竞赛试题分类解析.平面几何	2022—09	38.00	1557
历届全国初中数学竞赛试题分类解析.组合	2022—09	38.00	1558

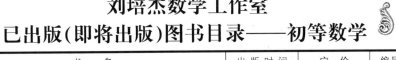

刘培杰数学工作室
已出版(即将出版)图书目录——初等数学

书 名	出版时间	定 价	编号
从三道高三数学模拟题的背景谈起:兼谈傅里叶三角级数	2023—03	48.00	1651
从一道日本东京大学的入学试题谈起:兼谈 π 的方方面面	即将出版		1652
从两道 2021 年福建高三数学测试题谈起:兼谈球面几何学与球面三角学	即将出版		1653
从一道湖南高考数学试题谈起:兼谈有界变差数列	2024—01	48.00	1654
从一道高校自主招生试题谈起:兼谈詹森函数方程	即将出版		1655
从一道上海高考数学试题谈起:兼谈有界变差函数	即将出版		1656
从一道北京大学金秋营数学试题的解法谈起:兼谈伽罗瓦理论	即将出版		1657
从一道北京高考数学试题的解法谈起:兼谈毕克定理	即将出版		1658
从一道北京大学金秋营数学试题的解法谈起:兼谈帕塞瓦尔恒等式	即将出版		1659
从一道高三数学模拟测试题的背景谈起:兼谈等周问题与等周不等式	即将出版		1660
从一道 2020 年全国高考数学试题的解法谈起:兼谈斐波那契数列和纳卡穆拉定理及奥斯图达定理	即将出版		1661
从一道高考数学附加题谈起:兼谈广义斐波那契数列	即将出版		1662
代数学教程.第一卷,集合论	2023—08	58.00	1664
代数学教程.第二卷,抽象代数基础	2023—08	68.00	1665
代数学教程.第三卷,数论原理	2023—08	58.00	1666
代数学教程.第四卷,代数方程式论	2023—08	48.00	1667
代数学教程.第五卷,多项式理论	2023—08	58.00	1668

联系地址:哈尔滨市南岗区复华四道街 10 号 哈尔滨工业大学出版社刘培杰数学工作室
网 址:http://lpj.hit.edu.cn/
邮 编:150006
联系电话:0451—86281378 13904613167
E-mail:lpj1378@163.com